拼版与晒版工艺

诸应照　叶海精 编著
胡维友 主审

印刷工业出版社

内容提要

本书主要介绍了目前常用的拼版和晒版方面的知识。本书共分为四个单元：拼版的相关概念和手工拼版；方正文合和Preps的应用；方正文合和Preps在数字化流程中的应用；晒版的相关知识。本书内容丰富，图文并茂，有很强的生产实践指导意义。

本书可作为大专院校学生教材和职工培训教材，也可以作为从事拼版及晒版工作人员的参考书。

图书在版编目（CIP）数据

拼版与晒版工艺/诸应照，叶海精编著．—北京：印刷工业出版社，2008.3
ISBN 978-7-80000-717-0

Ⅰ．拼… Ⅱ．①诸…②叶… Ⅲ．①拼版-工艺②晒版-工艺 Ⅳ．TS823

中国版本图书馆CIP数据核字（2008）第002454号

拼版与晒版工艺

编　著：诸应照　叶海精	主　审：胡维友

责任编辑：张宇华
出版发行：印刷工业出版社（北京市翠微路2号 邮编：100036）
网　　址：www.printhome.com　　www.keyin.cn
经　　销：各地新华书店
印　　刷：河北省高碑店市鑫宏源印刷包装有限公司
开　　本：850mm×1168mm　1/32
字　　数：124千字
印　　张：4.625
印　　数：7501～8500
印　　次：2015年2月第1版第4次印刷
定　　价：14.00元
ＩＳＢＮ：978-7-80000-717-0

如发现印装质量问题请与我社发行部联系　发行部电话：010-88275710

前 言

对于书刊印刷，必须要把单个的页面按照印装顺序拼成印刷机幅面的大版来进行印刷。过去一般采用手工拼版，其劳动强度大，对不准，效率低，虽说是熟能生巧，但是有大量的重复劳动，会使操作人员苦不堪言。另外由于数字化印前流程的逐渐普及，也不得不在计算机上拼好版后才可以输出，虽说在排版软件中也可以完成拼版任务，但是太复杂，效率低，易出错。出于生产实践的需求，科技人员开发出了折手软件。折手软件是能够将小幅面的单个页面自动拼成满足上机要求大版的拼版软件。折手软件的推出，使制版工作中的书刊、画册、杂志的拼版工作变得既轻松又方便、快捷，完全改变了工作方式，使传统的手工拼版跨越到计算机拼版的时代。本书主要就是介绍如何很好地应用折手软件。

本书共分为四个单元：单元一介绍拼版的相关概念和手工拼版，单元二介绍方正文合和Preps的应用，单元三介绍方正文合和Preps在数字化流程中的应用，单元四介绍晒版的相关知识。本书单元一、单元二的第一节、单元三、单元四由安徽新闻出版职业技术学院诸应照编写，单元二的第二节由叶海精编写。本书可作为大专院校学生教材和工厂职工培训教材，也可以作为从事同类工作人员的参考书。

在编写过程中，参考了不少相关的书籍，也走访了一些印刷企业，由于市面上用的折手软件较多，这里只介绍了两种，可以说还不够完整。限于作者的水平，书中不足和错误之处，恳请读者给予批评指正。

  本书编写过程中得到作者所在单位有关同志的大力支持,也得到印刷企业一些师傅的帮助,如安徽新华印刷股份公司制版车间主任马红远和校办工厂印前主管周海峰等。本书的主审是胡维友老师,在此一并表示衷心感谢。

诸应熙

2007年12月

目 录

单元一 手工拼版 ·········· 1
  一、拼版的基础知识 ·········· 1
  二、单色手工拼版 ·········· 5
  三、拼版注意事项 ·········· 11

单元二 折手软件 ·········· 12
  第一节 方正文合 ·········· 12
    一、方正文合模板制作 ·········· 12
    二、方正文合折手作业 ·········· 23
  第二节 Preps 软件操作 ·········· 35
    一、模板制作 ·········· 35
    二、Preps 折手作业 ·········· 58

单元三 折手软件流程中的应用 ·········· 71
  一、方正文合在畅流中的应用 ·········· 71
  二、Preps 在印能捷（Prinergy）中的应用 ·········· 78

单元四 晒版 ·········· 83
  第一节 平版印版 ·········· 83
    一、PS 版的生产工艺 ·········· 84

二、PS 版的结构 ·················· 91
三、PS 版的分类 ·················· 94
四、PS 版的主要性能指标 ············ 95

第二节 晒版环境与晒版设备 ············ 97
一、晒版环境 ···················· 97
二、晒版设备 ···················· 99

第三节 晒版工艺过程 ················ 114
一、阳图型 PS 版晒版工艺 ············ 115
二、阴图型 PS 版晒版工艺 ············ 126

第四节 晒版质量控制 ················ 127
一、灰梯尺控制法 ·················· 127
二、细线区控制法 ·················· 129

第五节 质量检查与故障分析 ············ 136
一、质量检查 ···················· 136
二、故障分析 ···················· 138

参考文献 ························ 142

手工拼版

在制版工艺流程中,从激光照排机输出的阳图片规格尺寸往往不能完全符合印刷机幅面的要求,因此,需要操作者将照排机输出的阳图胶片拼合成符合印刷机幅面要求的版面。目前,市场上拼大版软件很多,但是仍然有不少印刷企业还采用手工拼版的方法来实现拼版的过程。

手工拼版一般是根据印刷和装订的要求,利用手工操作的方式,将小幅面的阳图底片拼贴为满足上机要求的阳图大版。

一、拼版的基础知识

☞ 基本概念

版面:是指印刷成品幅面中图文和空白部分的总和。

版心:是指印版或印刷成品幅面中规定的印刷面积。

天头:是指版心上边沿至成品边沿的空白区域。

地脚:是指版心下边沿至成品边沿的空白区域。

订口:印品折叠后需装订的一侧,从版边到书脊的白边。

切口:和订口相对的,印品折叠后需裁切掉多余空白的一侧,从版心外边沿至成品边沿的空白区域。

页码:是一本书各个版面的顺序记号。

页:书刊的每一小张为一页,每页有两个页码的版面。

印张:书刊用纸的计量单位,指一张对开纸的正反面印刷。

帖:将印刷好的大幅面页张按照页码顺序、版面规定及要求经过折叠后,制成所需幅面,即为一帖。

配帖:按照一本书的总页数及顺序,将第一帖至最后一帖,以其顺序配在一起成为一本完整的书的过程称为配帖。分为叠配和套配。

叠配：将各个书帖按照页码顺序平行叠加在一起（适合无线胶订、锁线订、铁丝平订）。

套配：将各个书帖按照页码顺序嵌套在一起而成为一本书（适合骑马订）。

装订：将印刷好的印张根据其书刊的特点及委印单位的要求，折成所需开本的书帖，再将这些书帖配成套，订成书芯，包上封面，切去毛边，装订成为一本完整的书。

平订：装订时将各个书帖平行叠加在一起的一种装订方式（如图1-1）。

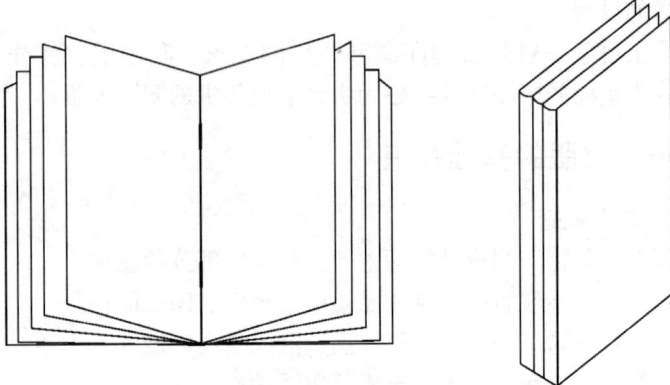

图1-1　平订示意图

骑马订：装订时将各个书帖嵌套在一起的一种装订方式（如图1-2）。

出血：对于印有图片的页面，在排版时将图片往页的四周扩张，使之较成品尺寸稍大一些，经裁切后不留白边，称之为出血。

帖标：为避免在配页时出错，胶订和线订中，在每一书帖中第一面与最后一面之间所加的矩形标记，它位于书脊处（如图1-3）。而骑马订则是另外一种状况，帖标应位于每一帖的天头处（如图1-4）。

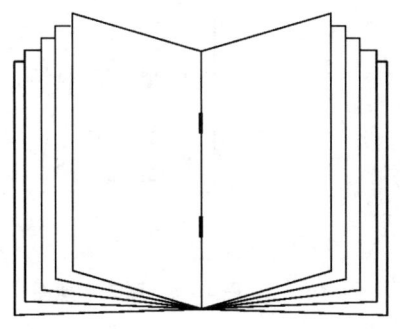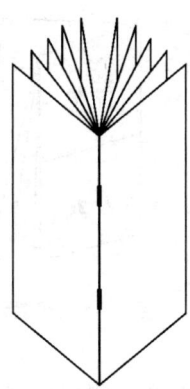

图1-2 骑马订示意图

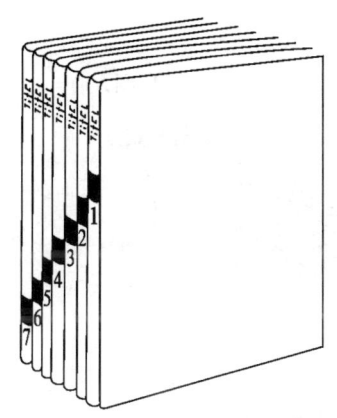

图1-3 胶订帖标示意图　　图1-4 骑马订帖标示意图

爬移：由于纸张厚度造成的，在多次折叠后书帖的最内侧的页面较最外侧的页面向外侧移动的情况。

双联：在同一帖上经印刷、折页、装订、裁切之后成两本相同的成品的方式（如图1-5）。

联二：在同一帖上印刷，裁切成相邻两帖经配页装订裁切成成品的方式（如图1-6）。

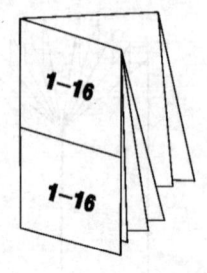 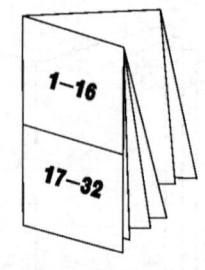

图1-5 双联示意图　　　　图1-6 联二示意图

水平（侧翻）套版印刷：对同一印张使用不同印版的双面印刷方式，如图1-7所示。即第一面印刷完成后，纸张沿垂直轴翻转到背面再进行第二面印刷。

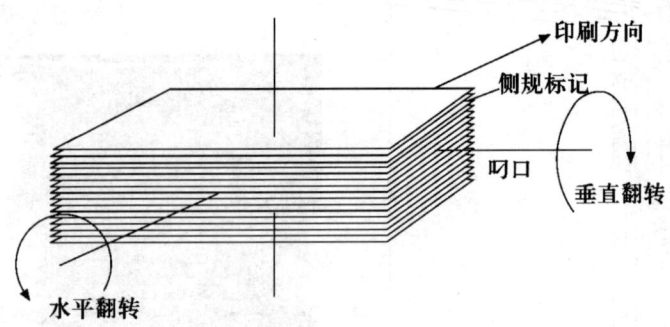

图1-7 纸张翻转示意图

垂直（滚翻）套版印刷：对同一印张使用不同印版的双面印刷方式，如图1-7所示。即第一面印刷完成后，纸张沿水平轴翻转到背面再进行第二面印刷。

自翻身版印刷：是指同一张纸正背面使用同一块印版进行印刷的方式，翻转方式可以是侧翻（以垂直中心线为轴）和滚翻（以水平中心线为轴）。

二、单色手工拼版

以一本 16 开本书籍在对开印刷机上印刷为例,介绍如何折样、计算参数、画拼版台纸、拼版及质量检查。

☞ 1. 任务要求

手工拼版《印版制作工艺》教材,已知该教材页面内容有:扉页、版权页、编委名单信息页、前言、目录1、目录2、正文页码 1~66,成品尺寸是 184mm×260mm,版心尺寸是 154mm×220mm,要求版心居中,在对开机印刷,叼口尺寸为 32mm,压印滚筒叼纸牙咬纸尺寸为 12mm,折页方式为垂直交叉折,规矩为(5,6),装订方式为胶订,铣背厚度为 3mm,印刷开料尺寸为 542mm×780mm。根据上述要求拼大版。

注意事项:

"(5,6)" 是指印刷半成品在折页机上定位两个边夹角的正反面所对应的页码序数,即"第五"和"第六"。比如拿到一个折样,折样上的第一面就是第一,第二面就是第二,依次类推,而不是折样上的真正的页码"5"和"6"面。如图 1-8 所示:折页定位的边是竖线所标的位置,它的夹角正面所对应的页码是"目录1",反面所对应的页码是"目录2",也就是折样上的"第五"和"第六"面。

☞ 2. 设备和材料

拼版台、放大镜、剪刀、刻刀、胶版纸、白片基、透明胶带、

目录2 第六	5	4	1	2	3	6	目录1 第五
编委会	8	9	版权	扉页	10	7	前言
(a) 反面				(b) 正面			

图 1-8 折页规矩说明图

喷胶、相关的规格线和标志阳图（控制条）。

☞ 3. 工艺流程

检查原片质量→制作折样→参数计算→画台纸→拼版→质量检查。

☞ 4. 操作步骤

（1）检查原片质量，要求原片达到下列质量要求：

① 晒版时由于使用阳图 PS 版晒版，要求阳图原版的图文膜面必须是反文字、反图像。

② 图文实地密度在 3.5 以上。

③ 单页阳图片图文完整、无划痕、无脏点。

④ 按印刷施工单清查阳图片的数量。

（2）制作折样。

折样是书刊的模型。根据书刊的装订要求制作折样是组版前一道必经的工序，是对装订工序的模拟。因此，折样必须做得准确无误，才能保证装订作业的顺利进行。做折样要先弄清楚装订方式，订法不同，折样制作完全不同。平订要求每帖相叠在一起，而骑马订则要求每帖相套在一起。

一般情况下印刷都采用垂直（侧翻）套版印刷，制作折样的基本步骤为：

① 取一张 8 开纸。

② 按照折页机的折页顺序，垂直交叉折三次。

③ 按照印装顺序，采用头对头拼版写好页码，标出折页规矩和侧规标记。

④ 将第一帖展开如图 1-9 所示。

⑤ 在实际生产中，小帖一般做成自翻身版，这小帖两面应在一个版面上，若第二帖为小帖，则小帖的折样展开应如图 1-10 所示。

⑥ 其余三帖的折样制作方法和第一帖同，这里省略。

（3）计算参数（如图 1-11）：

$a = b = 18mm$

$c = d = 22mm$

目录1	6	3	2
前言	7	10	扉页

(a) 正面

1	4	5	目录2
版权员	9	8	编委会

(b) 反面

图1-9 折样页码排列图

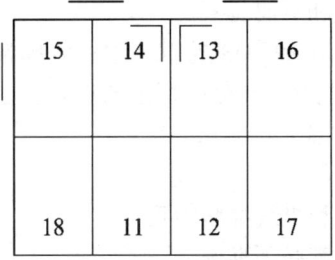

图1-10 自翻身页码排列图

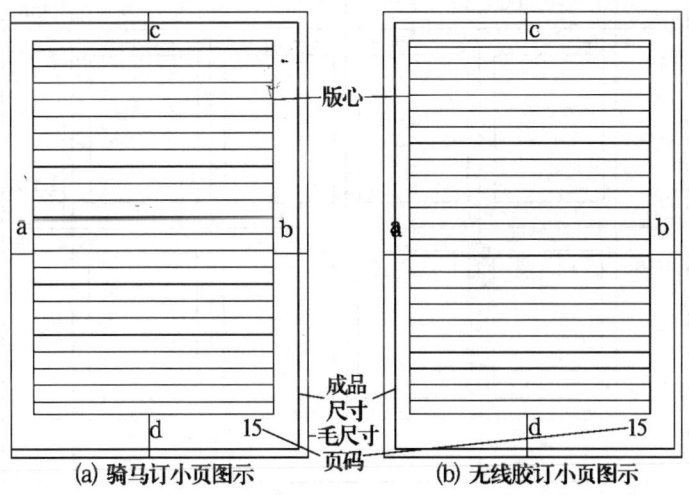

图1-11 版心、成品尺寸、毛尺寸相对位置图

单页毛尺寸：190mm×266mm
总毛尺寸：532mm×760mm
帖数＝总面数÷单个整帖面数＝72/16＝4.5帖
（4）画台纸：
① 将纸张打孔。
② 画叼口边的第一条毛尺寸线（横），具体位置由印刷机和印刷开料尺寸而定。
③ 画垂直中线。
④ 画其余三条总毛尺寸线。
⑤ 画版心位置和页码位置。
⑥ 考虑折页规矩和印刷规矩一致、胶印阳图PS版需反向拼版，据折样画出侧规标记和帖标标记的位置，在帖标位置附近再画出书名的位置，如图1－12所示。

画台纸注意事项：
① 所有的横线和纵线都必须垂直。
② 所有的尺寸都必须准确。

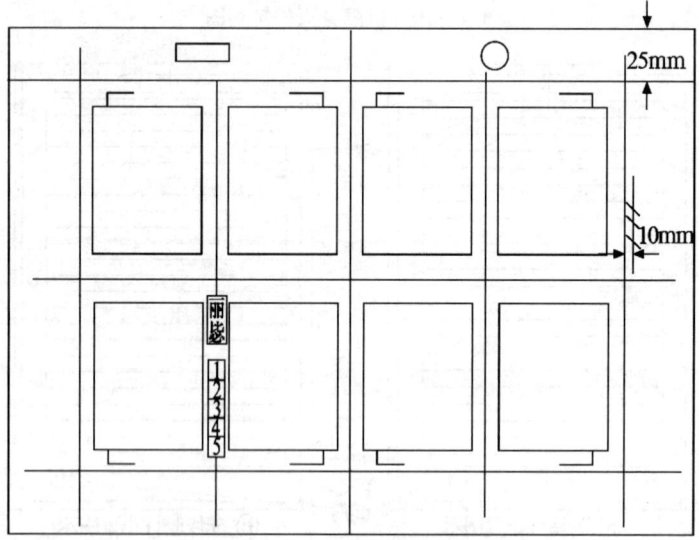

图1－12　拼版台纸示意图

③ 对于胶印和凹印必须画反向图。
④ 可以用黑色的水笔和铅笔画,但线宽不要超过 0.35mm。
(5) 拼单色阳图上机版:
① 拼版时毫米格在下,反方向台纸在上,用双面胶贴牢,在上面再用双面胶纸贴上白片基。
② 按折手页码分布位置分放原片,反字、反图像、反折手。
③ 按拼版规矩逐页拼版,粘贴牢固,注意胶带不能贴在文字和图像上,且距离图文 7mm 以上。

第一帖拼版页码样如图 1-13 所示,从图 1-13 可以看出它和图 1-9 的页码顺序左右是相反的,这一点是初学拼版者特别要注意的地方。

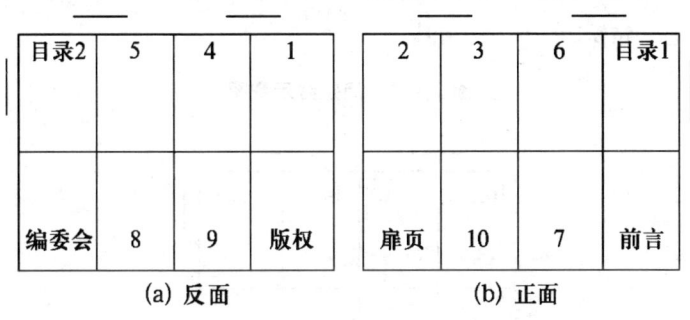

图 1-13 拼版页码排列图

④ 小页拼完后还要拼上便于加工的相关标识,如角线、中线、折页线、套准线、书名、帖标、侧规标记等,如图 1-14 所示。

采用同样的方法可以拼出反面版,在拼反面版时台纸最好翻身来拼比较好,这样可以消除由于画台纸的误差而造成的正反面套准问题。

图 1-15 是第二帖拼版面页码样,从图上可以看出,整个小帖的正反面页码分布在一个版面上,印刷时,印刷纸张的正反面用一块印版进行印刷,印刷下来的成品包括两个相同的小帖,装订时,

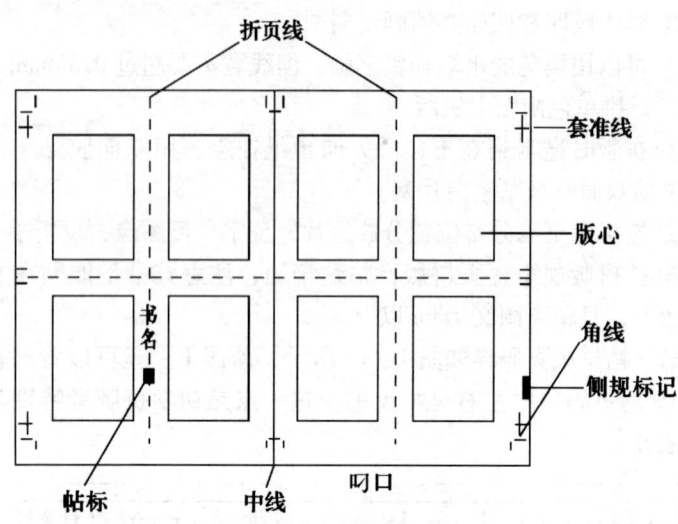

图 1-14 规矩线示意图

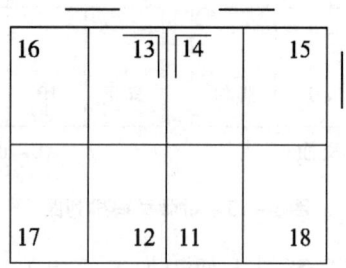

图 1-15 自翻身拼版页码排列图

要从中间一破二来进行装订。

⑤ 其余三帖的拼版方法和第一帖同。

(6) 晒蓝图、检查拼版质量：

① 检查页码顺序是否正确。

② 有无歪斜和漏拼现象。

③ 规格尺寸及有关规矩线是否正确。

④ 原版胶片相邻两张不能重叠。

（7）收存。

用比较结实的牛皮纸做袋，在纸袋上写明产品名称后，将拼好的大版放入袋中平放待用。

三、拼版注意事项

① 拼版时要求环境干净无尘，不能弄污拼版胶片和拼版材料。

② 裁片时乳剂面向上，裁切口要齐。

③ 相邻的胶片不相叠。

④ 拼多色套版时，眼睛必须以垂直的视角来对齐上下版。

⑤ 拼版时胶片的乳剂面要向上。

⑥ 分色版上同版必须同色。

⑦ 拼贴胶带不能粘到图文部分，胶带离图文至少在7mm以上，若拼版图文太满则可以用胶水粘贴。

单元二

折手软件

折手软件有：Inposition、Presswise、Impostrip、ScenicSoft Preps、Signastation、方正文合、青鸟华光等。折手软件是能够将小幅面的单个页面自动拼成满足上机要求大版的拼版软件，现在国内常用的软件有方正文合和 ScenicSoft Preps。

方正文合是北大方正拼版软件，在国内具有较大的用户群。ScenicSoft Preps 软件功能十分强大，被广泛用于各种工作流程中，如爱克发的 Apogee、克里奥的 Prinergy 都使用了它的内核。PDF、PostScript、EPS、TIFF 和 Deltlist 等不同格式的文件均可在同一个 Preps 作业中完成拼版。

这里仍将单元一中的手工单色拼版的例子放在软件里拼版，逐步介绍软件拼版的工艺流程。

第一节　方正文合

一、方正文合模板制作

（一）套版（整帖）模板制作

☞ 1. 任务要求

某产品说明书共72面，成品尺寸是 184mm × 260mm，安排在对开机印刷，叼口尺寸为32mm，叼牙叼纸尺寸为12mm，折页方式为垂直交叉折页，规矩为（5，6），装订方式为胶订，铣背厚度为 3mm，印刷开料尺寸为 542mm×780mm。据以上条件在方正文合中制作拼版所需的折手模板。

☞ 2. 操作环境

① 安装了方正文合 3.0 的计算机。

② 工艺流程：

模板设置→页面编辑→标记设置→保存、退出折手模板。

☞ 3. 操作步骤

（1）新建折手模板。

运行方正文合 3.0 折手软件，进入方正文合的操作界面后，用鼠标选中"文件"下拉菜单中的"新建"命令，系统将弹出"新建"对话框，选中"折手模板"按钮，则弹出"模板设置"对话框，如图 2-1 所示（也可以打开一个相似的模板进行修改）。

① 印刷方式。整帖（套版）印刷应选择双面印刷。

② 页面方向。大版上的小页的装订边和水平方向一致指的是横向，和垂直方向一致指的是纵向。

③ 布局。行数是指垂直方向排几个小页，列数是指水平方向排几个小页。

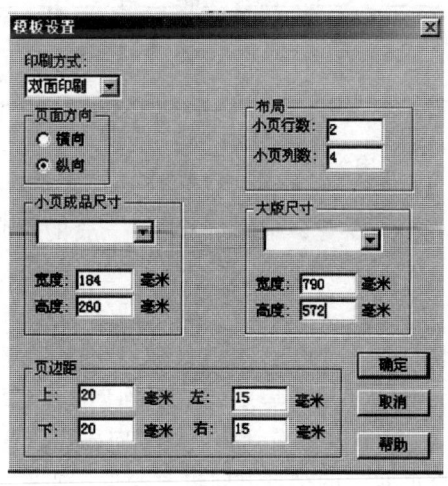

图 2-1　折手模板设置对话框

④ 小页成品尺寸。是指书刊加工成成品后的尺寸,宽度是指装订边垂直边的尺寸,高度是指装订边的尺寸。

⑤ 大版尺寸。根据页面方向、布局、小页成品尺寸及页边距计算出大版尺寸。

宽度等于总的毛尺寸的宽加上左右页边距。

高度等于总的毛尺寸的高加上上下页边距。

宽度 = 4 × (184 + 3 + 3) + 15 + 15 = 790(mm)

高度 = 2 × (260 + 3 + 3) + 20 + 20 = 572(mm)

(2)页面编辑。

按确定按钮进入"折手正面和折手反面"窗口,如图 2-2 所示。

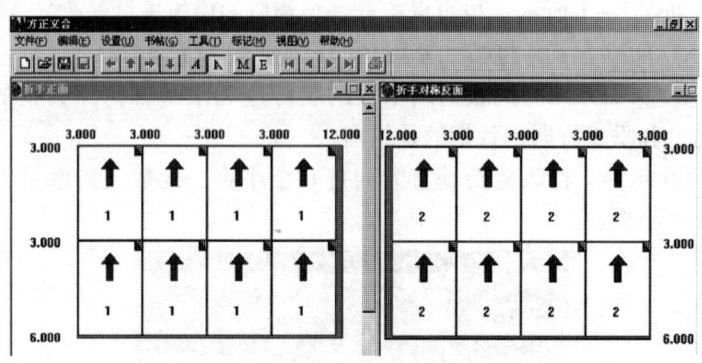

图 2-2　折手正面和折手反面

图 2-2 是默认设置,显然不符合一般的拼版要求,需要修改。

① 修改小页方向。如图 2-3 所示。在"折手正面"的窗口中,选中要修改的小页,使之颜色变黄处于激活状态。用鼠标选中折手主菜单"编辑"下拉菜单中的"页面向下"命令,即可改变小页的页面方向。此时,会看到小页的方向已经改变,且与其相对应的"折手对称反面"的小页方向也改变了。如果从"折手反面"窗口中修改小页的方向,那么与其相对应的"折手正面"的小页页

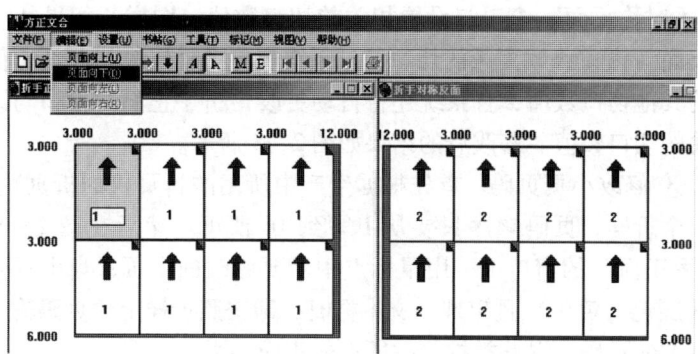

图 2-3　修改小页方向

面方向也发生改变。

用户也可以通过点击鼠标右键来修改小页的页面方向,即点中要修改的小页,使其页面变黄,单击鼠标右键选中要更改的方向即可。修改完毕,只需在界面任意处单击一下鼠标即可结束修改工作。以此类推改变所有上排页面方向,所有小页变成头对头,如图 2-4 所示。

② 修改切口值。如图 2-4 所示,在"折手正面"的窗口中,选中要修改的切口值,则出现一个文本框,输入所需的切口值。修改完毕,只需在界面任意处单击一下鼠标即可结束修改工作。系统将自动修改与此切口值相关的其他切口数值,且系统还将自动更改

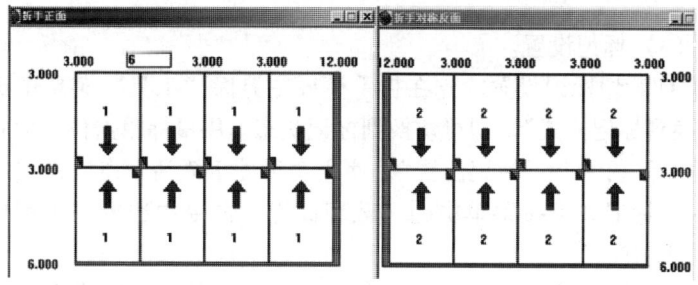

图 2-4　修改切口值

"折手对称反面"窗口与设置相关的切口数值。同样，如果从"折手反面"窗口修改大版的切口值，系统也将自动修改与此切口值相关的其他切口数值，且系统还将自动更改"折手正面"窗口与设置相关的切口数值。修改后的结果如图2-5所示。

③ 修改小页页码。首先根据生产中所用的折页机的折页顺序，做一个折样，页码顺序只要从1写到16即可。然后在图2-5的"折手正面"的窗口中，用鼠标点中所要修改的小页，当小页被激活（颜色为黄色）且出现一文本框时，即按照折样上的页码输入点中位置的页码。以此类推修改所有的正面小页。

同样，如果从"折手反面"窗口修改小页页码，系统也将自动给出与设置相对应的折手正面的小页页码。

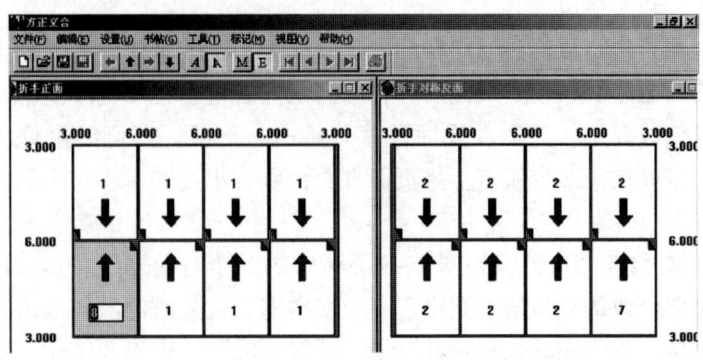

图2-5 修改小页页码

(3) 标记设置。

① 裁切标记设置。先在折手模板主界面"工具"菜单中选中"切换到标记方式"，即可切换到标记状态。用鼠标单击位于大版四个角中任意一个"标记位置"，使之变黄处于激活状态，再点右键或从"标记"下拉菜单中的"裁切标记"命令中选择一个用户需要的裁切标记。

在这里选择的是"External Cutline"裁切标记，则弹出"裁切标记设置"对话框，如图2-6所示。

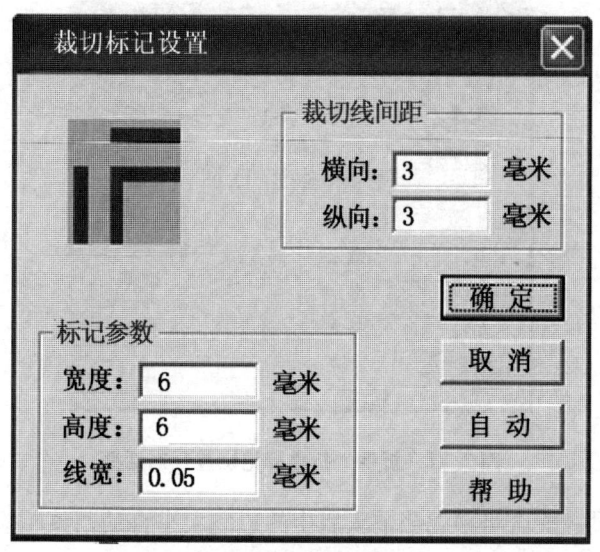

图 2-6　折手"裁切标记设置"对话框

左上侧的图是裁切标记的预览。

标记参数：（组框）用来设置标记的高、宽和线宽，把所需要的值直接输进去就可以。

裁切线间距：（组框）用来设置横向和纵向裁切线的间距。

自动：文合将根据当前大版中的边空大小自动调整相应标记的参数。

② 折叠标记设置。用鼠标单击位于大版四边中的任意一个"标记位置"，使之变黄处于激活状态，再点右键或从"标记"下拉菜单中的"折叠标记"命令中选择一个用户需要的折叠标记。

在这里选择的是"Folding Line1"折叠标记，则弹出"折叠标记设置"对话框，如图 2-7 所示。

图 2-7 中的左上侧的图是折叠标记的预览。

标记参数：（组框）用来设置标记的高、宽和线宽。

距小页版心：（组框）折叠标记距离它最近的版心的距离，系统会自动检测出当前标记与小页之间的位置关系（无效项自动变灰）。

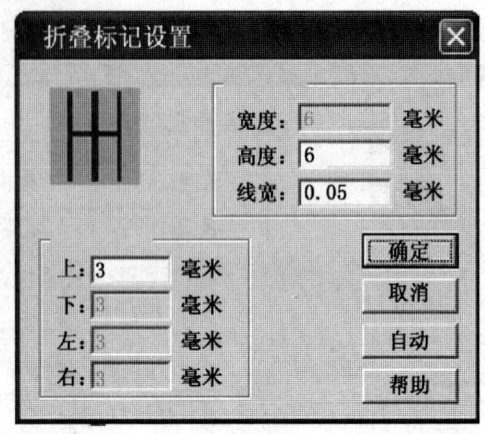

图2-7　折手"折叠标记设置"对话框

自动：文合将根据当前大版中的边空大小自动调整相应标记的参数。

如果用户对刚才设置的折叠标记不满意，可在保持该标记仍处于激活状态下选中"标记"菜单中的"修改折叠标记"进行修改。如果用户想删除刚才加上的标记，仍需在先激活该标记的情况下选中"标记"菜单中的"删除折叠标记"即可。

③ 注释信息。通过此功能用户可在大版中加入所需注释信息。

先在折手模板主界面"工具"菜单中选中"切换到标记方式"，再从"标记"菜单中选中"注释"命令，即弹出"注释信息"对话框，如图2-8所示。

注释信息定位：（组框）选择注释信息在大版中的位置，可以放在叼口位置。

加注释条：（检取框）是否添加注释信息。

文件信息：（检取框）是否在注释条中加文件信息。

当前时间：（检取框）是否在注释条中加当前时间信息。

当前日期：（检取框）是否在注释条中加当前日期信息。

注释内容：（编辑控制）注释信息的内容。

改变注释中的大版序号：当同一工作使用不同作业时，为使整

图 2-8 折手"注释信息"对话框

个作业的大版序号顺序连贯,需手工在注释中重新设置相应大版序号。此项只与折手作业相联系。

在此用户选择的注释信息定位是大版上侧,加上注释条,当前时间及当前日期。添加完毕,只需在界面任意处单击一下鼠标,即可恢复成未选中时的状态。

④ 测试条设置。通过此功能用户可在大版的任意方向上加入所需的某一种测试条,如图 2-9 所示。

先在折手模板主界面"工具"菜单中选中"切换到标记方

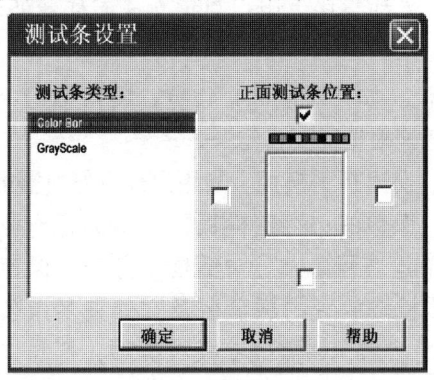

图 2-9 折手"测试条设置"对话框

式",再从"标记"菜单中选中"测试条"命令,即弹出"测试条设置"对话框。注意用户在添加测试条时每次只能选择一种类型,即在模板或作业中不能同时添加 ColorBar 和 GrayScale。而测试条的位置四个方向皆可设置,一般彩色产品才需要放,且只要在印版的拖梢放一条就可以了。如图 2-10 为加上注释和测试条后的页面视图。

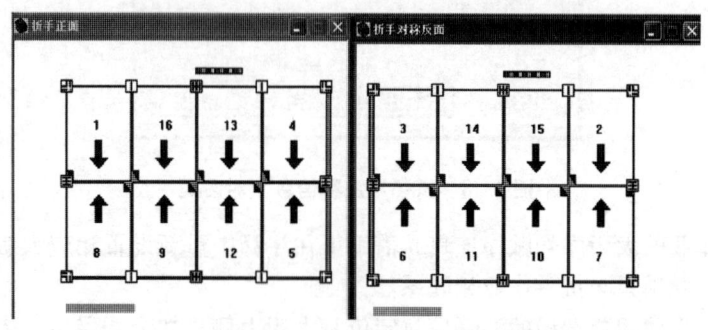

图 2-10 加上注释和测试条后的页面视图

测试条类型:(列表框)列出测试条类型,ColorBar 和 GrayScale。

测试条位置:把要加测试条的位置上的检取框选中。

在此用户选择的测试条为 GrayScale 且四个方向皆有,按钮即可加上测试条。添加完毕,用户只需在界面任意处单击一下鼠标,即可完成添加工作。

⑤ 其他标记。如:对位标记设置、叼口标记、十字对折线设置、自定义标记等根据需要而定。

(4) 保存、退出折手模板。当用户设置好所需的模板后即可通过选择"文件"菜单的"存储模板"或"另存作业"命令来保存模板,系统将弹出"另存为"对话框。打开"保存在"列表框中的列表,单击模板被放置的磁盘名及文件夹名,选中后在"文件名"框中键入模板名,如需改变模板类型,打开"保存类型"列表,选中要保存的类型即可,如图 2-11 所示。

单击按钮✖,即可退出折手模板。

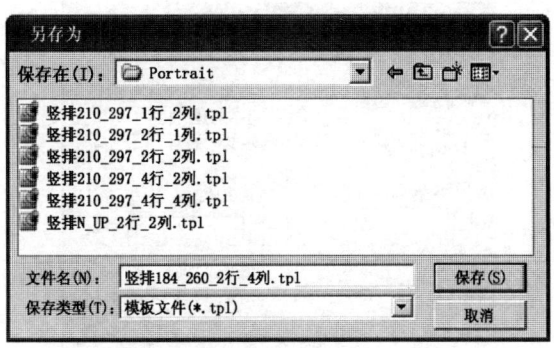

图2-11 "另存为"对话框

(二) 自翻身版(小帖)模板制作

☞ 1. 任务要求

某产品说明书共72面,成品尺寸是184mm×260mm,安排在对开机印刷,叼口尺寸为32mm,叼牙叼纸尺寸为12mm,折页方式为垂直交叉折页,规矩为(5,6),装订方式为胶订,铣背厚度为3mm,印刷开料尺寸为542mm×780mm。据以上条件在方正文合中制作拼版所需的折手模板。

☞ 2. 操作环境

① 安装了方正文合3.0的计算机。

② 工艺流程:

模板设置→页面编辑→标记设置→保存、退出折手模板。

☞ 3. 操作步骤

(1) 新建折手模板。运行方正文合3.0折手软件,进入方正文合的操作界面后,用鼠标选中"文件"下拉菜单中的"新建"命令,系统将弹出"新建"对话框,选中"折手模板"按钮,则弹出"模板设置"对话框,如图2-12所示(也可以打开一个相似的模板进行修改)。

① 印刷方式。小帖(自翻身版)印刷应选择单面印刷。

② 页面方向。页面方向和套版印刷相同,还是选纵向,因为是在同一台印刷机上印刷。

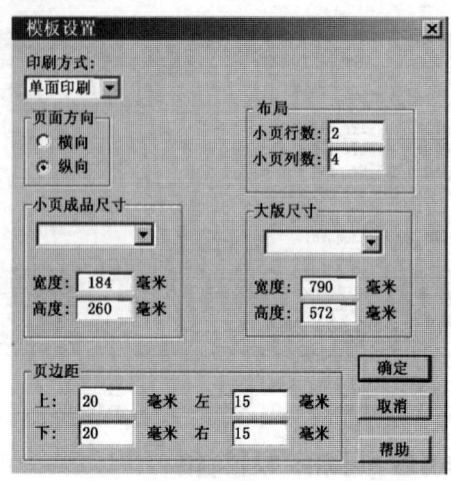

图2-12 折手"模板设置"对话框

③ 布局。页面布局和套版印刷相同,行数还是2行,列数还是4列。

④ 小页成品尺寸。页面成品尺寸和套版印刷相同,宽度是184cm,高度是260cm。

⑤ 大版尺寸。大版尺寸一般也设置和套版相同的尺寸。

宽度等于总的毛尺寸的宽加上左右页边距。

高度等于总的毛尺寸的高加上上下页边距。

宽度 = 4 × (184 + 3 + 3) + 15 + 15 = 790 (mm)

高度 = 2 × (260 + 3 + 3) + 20 + 20 = 572 (mm)

(2) 页面编辑。按"确定"按钮进入图2-13所示的窗口,从图中可以看出,只有折手正面,而没有折手反面,因自翻身印刷,纸张的正反面用的是同一块版。

① 修改小页方向。和套帖设置方法一样,也设置成头对头。

② 修改切口值。和套帖设置方法一样,这里从略。

③ 修改小页页码。首先根据生产中所用的折页机的折页顺序,做一个折样,页码顺序只要从1写到8即可。然后在图2-13的"折手正面"的窗口中,用鼠标点中所要修改的小页,当小页被激活

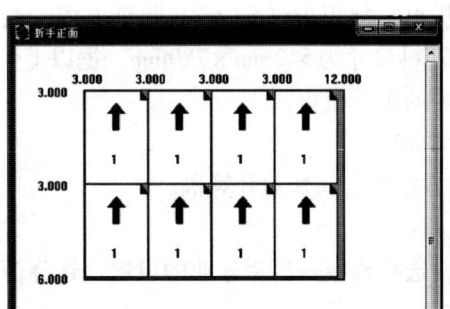

图 2-13 折手正面

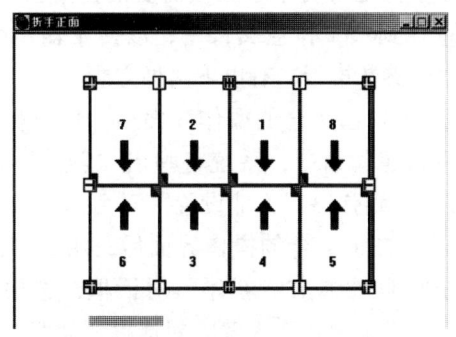

图 2-14 自翻身版页码样

（颜色为黄色）且出现一文本框时，即按照折样上的页码输入点中位置的页码。以此类推修改所有的正面小页。修改完的结果见图 2-14。

标记设置和保存、退出折手模板的设置与套版印刷的设置方法是一样的，这里就不重复了。

二、方正文合折手作业

（一）折手作业 1

☞ 1. 任务要求

某产品说明书共 72 面，成品尺寸是 184mm × 260mm，安排在对开机印刷，叼口尺寸为 32mm，叼牙叼纸尺寸为 12mm，折页方式为垂直交叉折页，规矩为（5，6），装订方式为胶订，铣背厚度为3mm，印刷开料尺寸为542mm×780mm。据以上条件在方正文合中制作拼版所需的折手模板。

☞ 2. 操作环境

① 安装了方正文合3.0的计算机。

② 工艺流程：

作业设置→选择模板→折手作业的设置→选择源文件→保存作业→输出 PS 文件。

☞ 3. 操作步骤

新建拼版作业就是将若干小页按需要的位置拼到一个大版上，并把相关的信息存到一个作业文件中，以便于输出生成 PS 文件。创建一个新的拼版参数模板，有以下两种方法：

① 当用户进入方正文合的操作界面后，用鼠标选中"文件"下拉菜单中的"新建"命令，系统将弹出"新建"对话框，选中"折手作业"按钮，则弹出"作业设置"对话框。

② 当用户进入方正文合的操作界面后，用鼠标选中工具条中的■按钮，系统将自动弹出"新建"对话框，选中"折手作业"按钮，系统将自动弹出"作业设置"对话框，如图2-15所示。

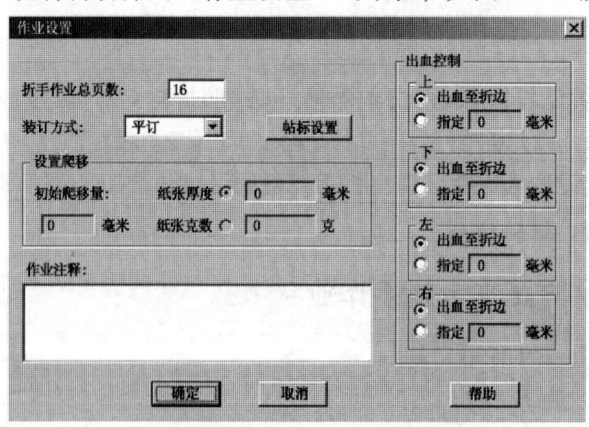

图 2-15　"作业设置"对话框

(1)作业设置：

① 折手作业总页码数：也就是本作业的总面数。

② 装订方式：选择平订、平订（套印）、平订（自定义）或者是骑订。如这里选平订。

初始爬移量：设置初始爬移量值。初始爬移量（只对骑订有用），也是整本书的总的爬移量。计算方法如下：

初始爬移量＝总面数÷4×纸张厚度（每4面才能在书脊处对应一张纸）

纸张厚度：通过设置纸张厚度来计算爬移量，也就是书刊内文所用纸张的厚度（只对骑订有用）。

纸张克数：通过设置纸张克数来计算爬移量。也就是纸张的定量 g/m^2（只对骑订有用）。

作业注释：该作业的注释（为了区分作业文件，与标记中的注释信息不一样）。

出血控制：分为上、下、左、右四个组框。

出血至折边：通过此项，可以控制原来小页可输出的出血部分区域。当选中此项时，小页中只有包含在折边内的相应出血才能输出。

指定：由用户来指定出血量可输出的区域范围。

注意事项：

作业页数一定是已设模板中小页的整数倍，否则系统将发出提示警告。当作业参数设置完毕，折手作业总页数和装订方式将不能再进行修改。但其在模板中所设置的折叠标记、裁切标记、对位标记、叼口标记、十字对折线、自定义标记、注释、测试条仍可根据需要再重新进行修改。

如果当前作业选择的是特殊类型的平订装订方式，如平订（套印）、平订（自定义），则在以后选择模板文件时，模板中与页号相关的信息将不加载至作业中，因为可以在作业中重新指定有关页号信息。对于平订套印方式，可以指定前两个书帖中的页号，软件自动生成其他页号，而对于自定义方式，则所有页号均需手工指定。

③ 帖标设置。当用户需要添加帖标时，单击"帖标设置"按

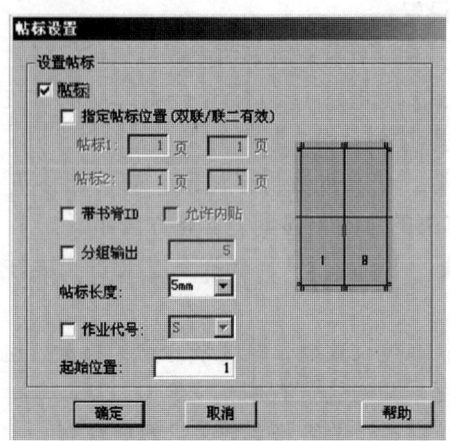

图 2-16 "帖标设置"对话框

钮,进入"帖标设置"对话框,如图 2-16 所示。

帖标:是否添加帖标。系统缺省状态为不选中。允许对骑订作业及平订(套印)添加帖标。对于骑订作业,帖标位于天头处,而对于平订套印则是外面一帖在书脊上,里面一帖在天头处。

指定帖标位置:是否需要指定帖标位置。此功能只对双联、联二有效。

帖标 1:第 1 个帖标所处的位置,此帖标位于两个相邻小页之间的对折处,因此需要手工指定小页页号。

帖标 2:第 2 个帖标所处的位置,此帖标位于两个相邻小页之间的对折处,因此需要手工指定小页页号。

带书脊 ID:帖标是否要有带书脊的 ID 号。

允许内帖:是否需要添加内帖(只对平订套印有用)。

分组输出:用户可设置帖标是否分组输出。分组输出即设置以一定数量的帖标为一组,每组之间有一个帖标位置的空白区,通过这些帖标的位置来检查作业是否存在漏帖现象,此功能也便于用户计算出折手作业一共有多少帖。因此在选择分组输出时,需要标明当前每组中有多少个帖。考虑到实际情况,文合设定每组中帖标的个数在 5~10 之间。

帖标长度：系统给出 3mm、5mm、7mm、9mm 4 种帖标长度，一般选 5 mm，帖标宽度为 3mm。

作业代号：可对不同作业设置代号，系统给出 26 个英文字母作为代号，可供用户选择。此代号为 Times – Roman 字体，10 磅，纯黑色。

起始位置：设置帖标起始位置（即第几帖）。用户可根据需要设置同一本书不同作业的书帖帖标的起始位置。比如上述的这本书就包含三个作业，第一帖是一个作业，第二帖是一个作业，三、四、五帖作为一个作业。

真正设置帖标时一般只需设置帖标长度和起始位置就行了。

（2）选择模板。作业设置对话框中所有的选项都设置好后，按"确定"按钮进入"选择模板"对话框，如图 2 – 17 所示。

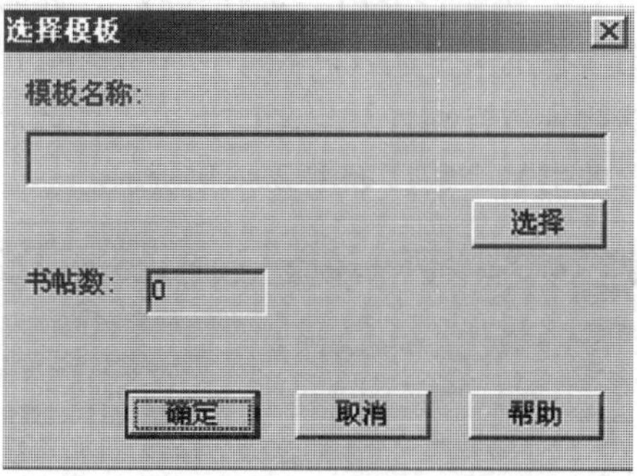

图 2 – 17　"选择模板"对话框

模板名称：（编辑控制）模板的名称，通过按"选择"按钮在打开文件对话框里选择。

书帖数：（编辑控制）根据总页数和模板的行列自动算出来的，不可更改。

按"选择"按钮即弹出模板预览对话框，如图 2 – 18 所示，用鼠标点中所选模板文件后，左下面的窗口是模板的预览，它简单地画出了模板的轮廓，右下面的对话框是模板的简略的文字描述，通过此对话框用户可以知道这个模板的大致信息。

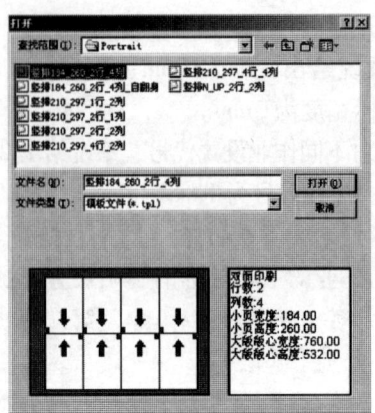

图 2-18 "模板预览"对话框

再单击"打开"按钮,弹出"选择模板",此时在模板名称处显示出用户所选模板的文件名及路径,书帖数处给出了由系统根据总页数和模板的行列数自动计算出来的不可人工改动的数值,即当前作业中所包含的书帖个数,如图 2-19 所示。

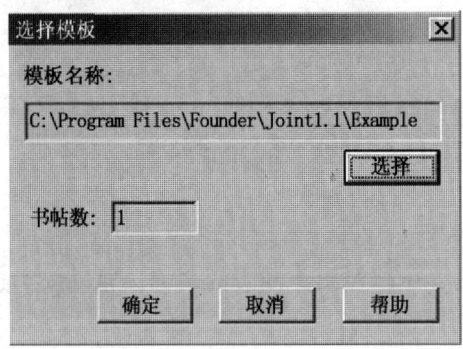

图 2-19 "选择模板"对话框

按"确定"按钮,进入折手作业界面,如图 2-20 所示。

(3) 折手作业的设置。折手作业界面与折手模板界面类似,但它在一般情况下不能改变小页的页序和方向,只能改变大版裁切口的数值。可以重新设置折手作业的折叠标记、裁切标记、对位标

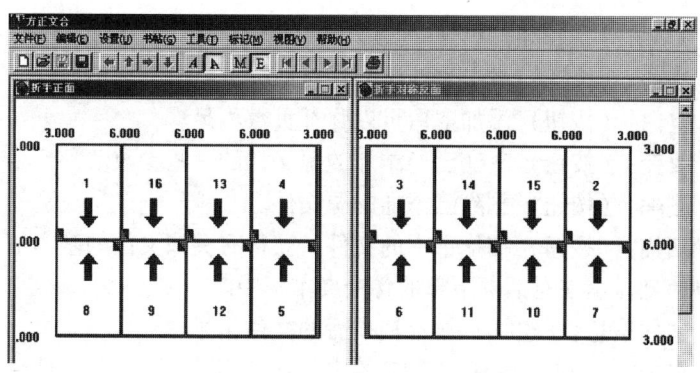

图2-20　折手作业界面

记、叼口标记、十字对折线、自定义标记、注释、测试条,其更改方法与在折手模板处更改标记、注释条和测试条的操作方法完全一样。

如果用户对于折手作业参数设置及所选模板不满意,还可通过"设置"菜单中的"作业设置"和"选择模板"命令进行修改(具体修改过程参见作业设置和选择模板设置)。

(4)选择源文件。选中主菜单的"设置"下拉菜单下的"选择源文件",出现如图2-21选择源文件对话框。源文件列表:(列

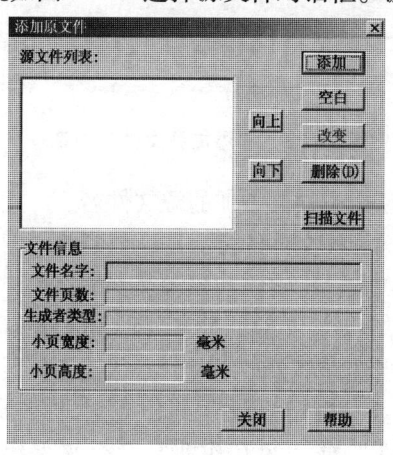

图2-21　"选择源文件"对话框

表框)用户所选择的源文件列表。

添加:(按钮)弹出添加源文件对话框。

空白:(按钮)添加空白页以弥补页数不足。

改变:(按钮)改变已经添加的源文件的一些参数。

删除:(按钮)删除已添加的源文件。

扫描:(按钮)扫描选中的文件,获得有关该文件的基本信息,并将信息显示在对话框下部的各个文本框中。

文件信息:(组框)显示扫描后的文件信息。

单击"添加"按钮,系统弹出折手"添加源文件"对话框,如图2-22所示。

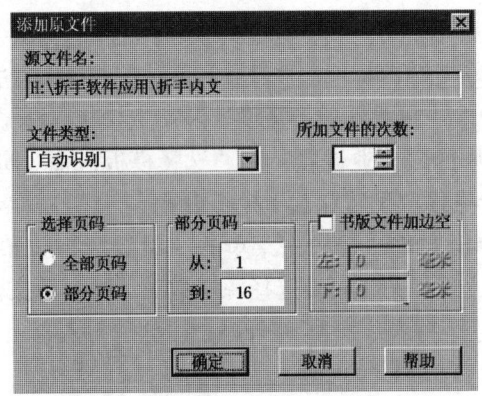

图2-22 "添加源文件"对话框

源文件名:已选中的要添加的源文件名。

文件类型:选择该文件的过滤器,缺省是[自动识别]。

所加文件的次数:指定添加该源文件的次数,缺省是1次。

选择页码:有PS源文件的全部页码和部分页码两种选择。

部分页码:当选择部分页码时,必须输入页码的范围。

(5)保存作业。当用户设置好作业后即可通过选择"文件"菜单的"存储作业"或"另存作业"命令来保存作业。系统将弹出"另存为"对话框,如图2-23所示。

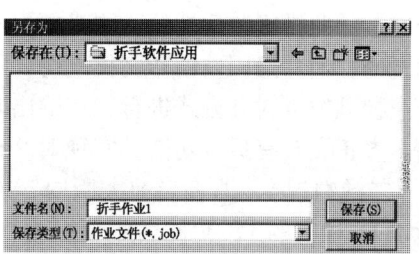

图 2-23 "另存为"对话框

打开"保存在"列表框中的列表,单击作业被放置的磁盘名及文件夹名,选中后在"文件名"框中键入作业名,如需改变文件类型,打开"保存类型"列表,选中要保存的类型即可。此处将刚才设置的模板名为"折手作业 1"。

(6) 输出 PS 文件。所有参数都设置好后,就可以进行输出 PS 文件了。选择"文件"菜单中的"输出 PS"命令,系统将弹出"输出 PS"对话框,如图 2-24 所示。

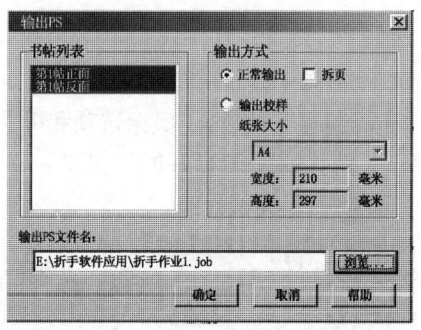

图 2-24 "折手输出 PS"对话框

书帖列表:(列表框)当前作业中所有书帖的列表,可在此选择待输出的书帖内容。

输出方式:(组框)可以选择是正常输出还是输出校样,如果选输出校样可以选纸张大小,也可以自定义纸的宽度和高度。通过输出校样可以预览大版的排版效果。

拆页：由于前端的照排机和后端的印刷机幅面不同，如某些用户的照排机是四开的，而一般国内的印刷机是对开的，所以用户希望在进行折手作业处理时以对开方式进行，在输出时将其自动拆为两个四开版输出。方正文合有拆页功能，实现对折手，四开出片（在此只考虑一拆二的情况），即将当前大版内容沿最长边一分为二，其中第一拆页所对应的 PS 文件名不变，第二拆页文件名为"原文件名_ T. ps"形式。为便于后端手工拼版，两拆页间存在一定的重叠区域，其长度为拆页处折叠标记的一半宽度。

注意大版中至少有两行或者两列的小页。

输出 PS 文件名：（编辑控制）该文件对要输出的 PS 文件，可以选择，也可以手动输入。进行设置后单击"确定"按钮即可输出 PS 文件。至此为止一个折手作业工作就完成了。

（二）折手作业 2

☞ 1. 工艺流程

作业设置→选择模板→折手作业的设置→选择源文件→保存作业→输出 PS 文件。

☞ 2. 操作步骤

（1）作业设置。如图 2-25，"折手作业总页数"输入 8，帖标设置对话框中要把"起始位置"改为 2，其余选项和折手作业 1 相同。

（2）选择模板。选择前面设置好的（图 2-18）"竖排 184_ 260_ 2 行_ 4 列_ 自翻身"模板。

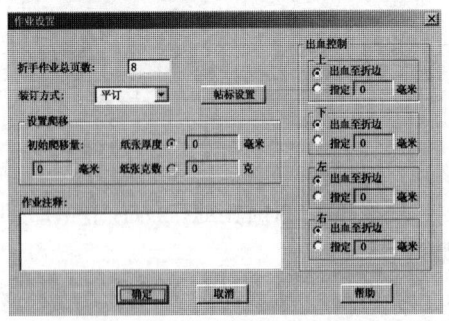

图 2-25 "作业设置"对话框

（3）折手作业的设置。要想大版上的序号能够和第一帖连起来，在这里需要作以下设置，如图 2-26。"设定大版序号"，当用户想改变注释中的大版号时，先在折手作业界面的"工具"菜单中选中"切换到标记方式"，再在"标记"菜单选中"注释"命令，弹出"注释信息"对话框。选中"改变注释中的大版号"命令，系统将弹出"设定大版序号"对话框（图 2-26），设定好大版序号后，按"确定"按钮即可。

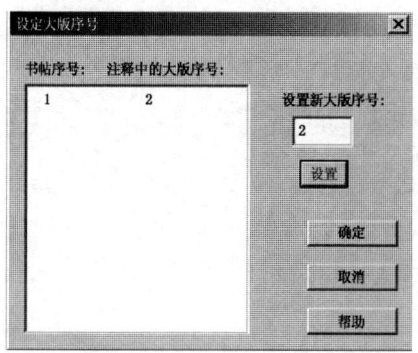

图 2-26　"设定大版序号"对话框

书帖序号和注释中的大版序号：左侧的书帖序号是作业中实际的书帖序号，右面的大版序号是在注释中显示的大版序号。

设置大版序号：注释中的大版序号在缺省时与书帖序号是一致的。大版序号是可以更改的，其步骤如下，先选中要更改的书帖序号，然后修改设置大版序号文本框中的内容，再按"设置"按钮，就可以更改新的大版序号。

其余选项这里不改变。

（4）选择源文件。方法同折手作业 1（图 2-22），选择"折手内文"中的 17~24 面。

（5）保存作业。方法同折手作业 1（图 2-23），"文件名"输入"折手作业 2"点击"保存"按钮即可。

（6）输出 PS 文件。方法同折手作业 1（图 2-24），在"输出

PS 文件名"处输入"折手作业2"点击"确定"按钮即可。

(三) 折手作业3

☞ 1. 工艺流程

作业设置→选择模板→折手作业的设置→选择源文件→保存作业→输出 PS 文件。

☞ 2. 操作步骤

(1) 作业设置。如图2-27,"折手作业总页数"输入48,帖标设置对话框中要把"起始位置"改为3,其余选项和折手作业1相同。

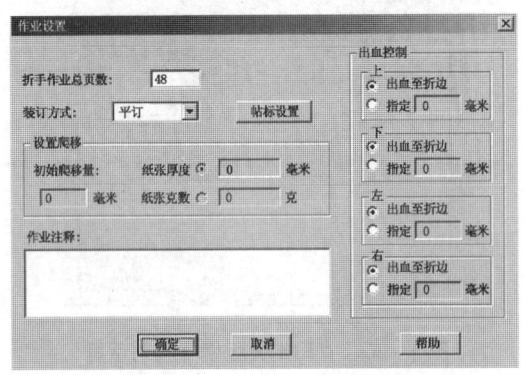

图 2-27 "作业设置"对话框

(2) 选择模板。选择前面设置好的(图2-18)"竖排184_260_2行_4列"模板,也就是折手作业1所用的模板,这里就不需要再建新的模板了,因同一本书的规格尺寸及版式要求都是一样的。

(3) 折手作业的设置。要想大版上的序号能够和前两帖连起来,在这里需要作以下设置,如图2-28所示。

"设定大版序号"对话框应如此改:

"书帖序号"1后的"注释中的大版序号"3;

"书帖序号"2后的"注释中的大版序号"4;

"书帖序号"3后的"注释中的大版序号"5。

其余选项这里不改变。

(4) 选择源文件。方法同折手作业1,如图2-22,选择"折

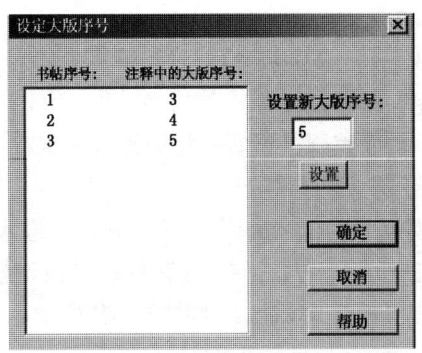

图 2-28 "设定大版序号"对话框

手内文"中的 25~72 面。

（5）保存作业。方法同折手作业 1，如图 2-23，"文件名"输入"折手作业 3"点击"保存"按钮即可。

（6）输出 PS 文件。方法同折手作业 1，如图 2-24，在"输出 PS 文件名"处输入"折手作业 3"点击"确定"按钮即可。

第二节　Preps 软件操作

一、模板制作

（一）Preps 套版（整帖）模板制作

☞ 1. 任务要求

某产品说明书共 88 面，成品尺寸是 210mm×297mm，安排在对开机印刷，叼口尺寸为 45mm，叼牙叼纸尺寸为 12mm，折页方式为垂直交叉折页，规矩为（5，6），装订方式为胶订，铣背厚度为 3mm，印刷开料尺寸为 630mm×880mm。据以上条件在 Preps 中制作拼版所需的折手模板。

☞ 2. 操作环境

① 安装了 Preps 5.2 的计算机。

② 工艺流程：

模板设置→页面编辑、设置→标记设置→保存模板。

☞ 3. 操作步骤

(1) 新建模板。运行 Preps 5.2 折手软件，进入 Preps 的操作界面后，用鼠标选中"文件"下拉菜单中的"新建模板"命令，系统将弹出"新建模板"对话框，如图 2-29 所示。

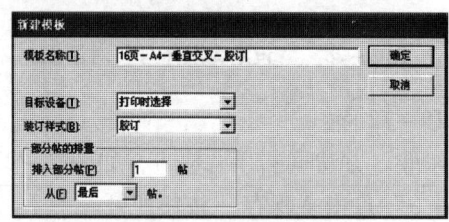

图 2-29　"新建模板"对话框

① 目标设备。提供两种选择：打印时选择和 PS 打印。一般采用默认设置。

② 装订样式。装订样式决定了运行列表页面排入模板的顺序。使用自动选择功能时，Preps 会将运行列表页面排入该模板最大的帖中。如果运行列表中剩余的页面不够填充另一个整帖，并且模板中存在部分帖，则 Preps 会将剩余的运行列表页面排入与剩余页数最为接近的帖中。如果没有足够的页面来填充最后一个帖，后面的模板页面将会留空。

在 Preps 软件中提供了 5 种常见的书籍装订样式：自由订、胶订、骑马订、双联和单联。

自由订：装订样式用于不折叠的帖，不进行任何装订。当模板和作业中使用自由订时，Preps 通过匹配运行列表页数和模板页数，将运行列表中的页面排入帖中。

胶订：当模板和作业使用胶订时，Preps 按照页面在运行列表中出现的顺序将其排入每个帖。

骑马订：当模板和作业中使用骑马订时，Preps 将运行列表首尾相同数量的页面排入作业的每个帖。例如，在使用 16 页帖的骑马订作业中，Preps 会将运行列表的前 8 页和后 8 页排入帖。

对于本作业要求应选用胶订。

③ 部分帖的排置。指安排书帖的位置，此项选择默认设置即可，因为此时作业要求完成所有书帖的排列。

单击"确定"按钮，系统会自动弹出"添加帖"对话框，如图2－30所示。

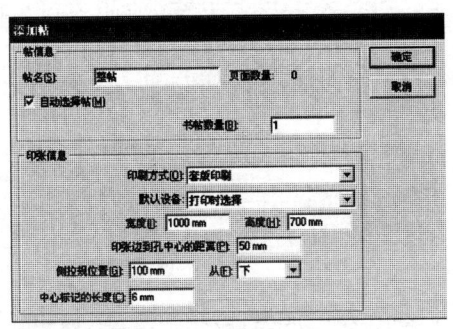

图 2－30　"添加帖"对话框

④ 印刷方式。Preps 提供了 5 种印刷方式：套版印刷、自翻、对翻、双面印刷和单面印刷。

套版印刷：套版印刷使用不同的印版来印刷正反两面。纸张通过印刷机时，将印刷其中的一面。第一副印版用于印刷印张的正面。然后，纸张沿垂直轴翻转，再次通过印刷机，并使用第二副印版印刷印张的反面。

自翻：自翻印刷方式将拼版的两面输出到同一副印版上。自翻作业可使用相同的叼口和相反的侧拉规来放置印张的反面和侧拉规。印刷第一面后，印张从左向右翻转，以印刷第二面。印刷完成后，印张将沿垂直轴裁切为两半，从而得到两个相同的帖。

单面印刷：单面印刷方式只印刷印张的正面。这种印刷方式一般用于海报等单面印刷品。

根据此作业的要求，选择整帖（套版）印刷，即选择双面印刷。

⑤ 大版尺寸。根据页面方向、布局、小页成品尺寸及页边距计算出大版尺寸。宽度等于总的毛尺寸的宽加上左右页边距。高度等于总的毛尺寸的高加上上下页边距。大版尺寸也可以采用默认值。

⑥ 印张边到孔中心距、侧拉规位置。一般都采用默认设置，若输出设备有打孔装置，才需设置，也可暂采用默认值，输出时再设置。

⑦ 中心标记的长度。默认设置为6mm，此时表示的是中心点位置标记线的长度，能够对后道的折页起到校准的作用。

（2）页面编辑。按确定按钮进入"整帖"窗口，如图2-31所示。

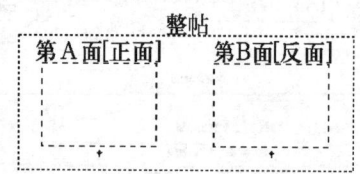

图2-31 "整帖"设置对话框

在软件的视窗中有一小的操作视窗——模板工具面板，如图2-32所示。

在用于创建或打开模板时，Preps会显示模板工具面板。这些工具用于查看、创建和编辑模板。其主要功能和作用如下：

选择对象：在模板编辑器中选择对象。

适合窗口：将整个模板填满窗口。

显示/隐藏页面：显示或隐藏拼版中的页面。

抓取器：滚动浏览模板。

印张适合窗口：将所选印张填满窗口。

显示/隐藏标记：显示或隐藏模板标记。

缩放：在模板上绘制方框，或单击模板将其放大。

上一视图：在最近使用的两个视图之间切换。

显示/隐藏页间距：显示或隐藏页间距。

页面编号：将模板页面编号。

显示/隐藏网格：显示或隐藏网格。

显示/隐藏拼贴：显示或隐藏拼贴。

接下来需要进行创建拼版操作，单击菜单"模板/创建拼版"命令，弹出如图 2-33 所示的"创建拼版"对话框。

① 成品尺寸。成品尺寸是指书刊加工成成品后的尺寸，宽度是指垂直装订边的尺寸，高度是指装订边的尺寸。

这地方要根据前面排版时用的是成品尺寸还是毛尺寸而定，如果前面排版时单个页面设置的是成品尺寸，这里就输入成品尺寸，如果前面排版时单个页面设置的是毛尺寸，这里就必须输入毛尺寸，因为有些书刊有出血的页面，在排版时必须设置为毛尺寸。

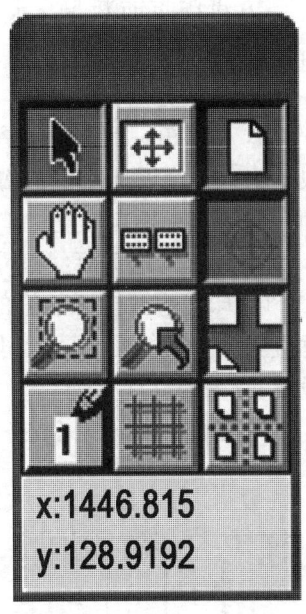

图 2-32　模板工具面板

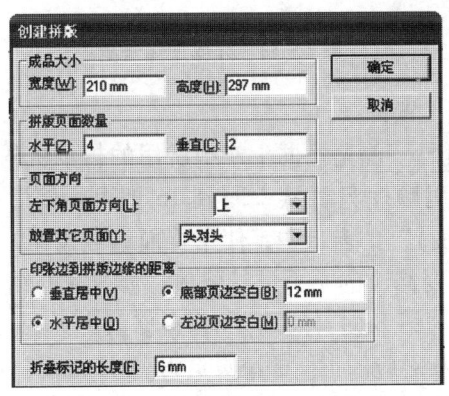

图 2-33　"创建拼版"对话框

② 拼版页面数量。水平是指小页的列数，垂直是指小页的行数。

③ 页面方向：

a. 左下角页面方向：是指左下角的小页在整帖中放置的位置，设置为上，说明此小页放置的方向是正向向上的（以整帖中"正面"帖为坐标原点位置，作为参照的点）。

b. 放置其他页面：相对于上述小页的位置而言。

④ 印张边到拼版边缘的距离。一般来说，设定为水平居中和垂直居中。具体叼口边尺寸为多少，等输出时根据实际作业条件设置。

单击确定按钮，完成拼版的创建工作，如图2－34所示。

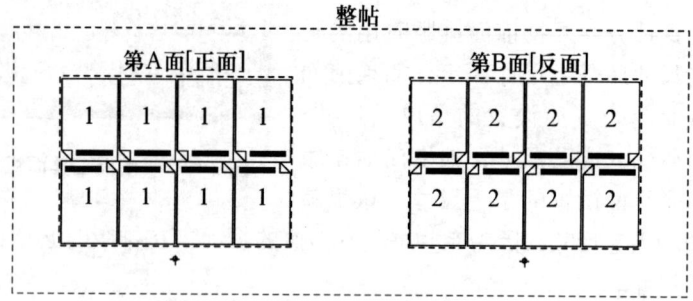

图2－34　完成创建拼版

（3）页面设置：

① 安排页码。首先根据生产中所用的折页机的折页顺序，做一个折样，页码顺序只要从1写到16即可。然后在图2－34的"第A面（正面）"的窗口中，使用页面编号按钮，按照折样上的页码顺序中所要修改的小页进行修改。修改完的结果见图2－35。同样，如果从"第B面（反面）"窗口修改小页页码，系统也将自动给出与设置相对应的正面的小页页码。

② 页面设置。在此作业任务中可知，经过垂直交叉折页获得产品，由此可以知道每个小页面之间的间距，以"第A面（正

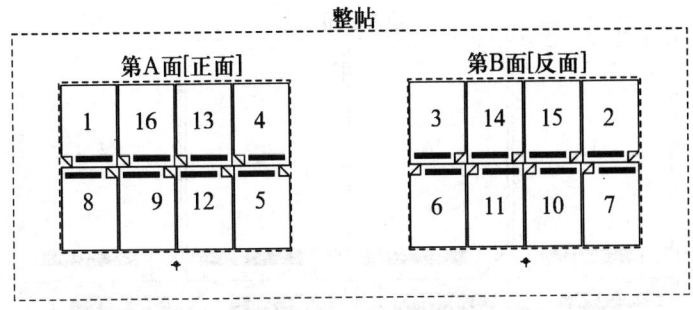

图2-35　完成页码编排

面)"为例,第1页和第16页之间的页间距宽度设定为6mm,使"显示/隐藏页间距"按钮处于激活状态,利用"选择对象"按钮单击页面1和页面16之间的中线,弹出如图2-36所示对话框,将中线以左和以右的距离均设置为3mm,单击"确定"按钮即可。

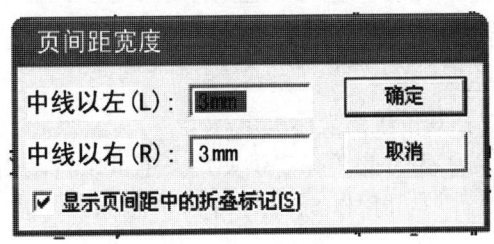

图2-36　调节页间距宽度

同样第13页与第4页之间间距为6mm,因为装订采用胶订,折叠之后需要留3mm的铣背位置,所以应调整为6mm。同样,其他的页间距宽度均设置为6mm,对于天头对天头的位置,由于需要留裁切位,其大小上下也为3mm,所以按照此种方法将其也设置为6mm。当设置好正面时,反面也会自动进行更改,调整后如图2-37所示。

(4)标记设置。Preps使用了两种模板标记:

Smart标记:这种标记可以动态放置并调整大小,具有特殊的功能。

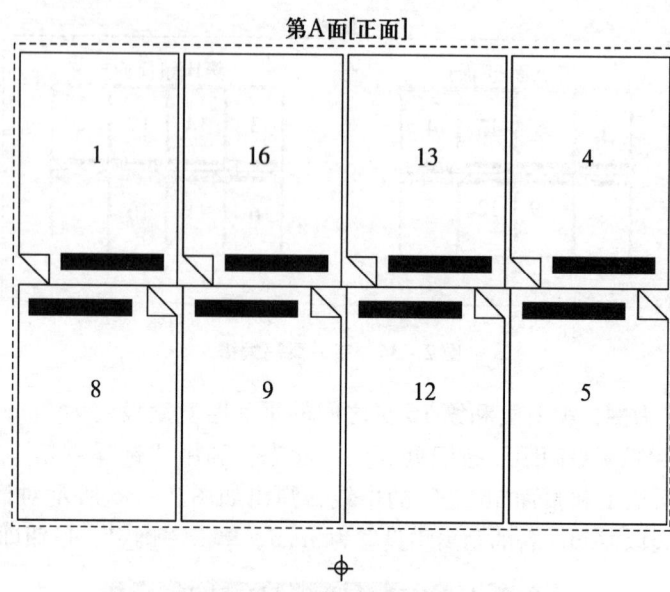

图2-37 完成页面设置

静态标记：其位置由坐标决定。

Preps 附带了多个此类标记供使用，也可以自己创建自定义的 EPS 或 TIFF 标记，并用作 Smart 标记和静态标记。

Smart 标记与静态标记相比，其功能更加强大，主要表现在它们可以根据指定的规则动态调整位置和大小，并可以在模板之间轻松复制。可以根据印张、拼版（计算或不计算出血）、垂直页间距、水平页间距、非拼贴版材大小以及拼版和印张边缘之间的页边空白来指定 Smart 标记的位置。单击"模板/添加 Smart Mark"命令，其种类如图2-38所示，对于 Smart 标记可使用重复标记、帖标、自定义标记、文本标记和裁切标记。

① 添加 Smart 重复标记。使用重复标记时，标记将填充所指定的区域，而超出该区域的任何部分则被裁切。单击"模板/添加 Smart Mark/重复标记"命令，弹出如图2-39所示的对话框。

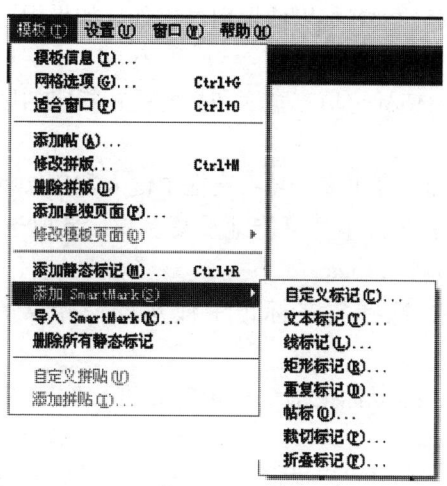

图 2-38 Smart 标记类型

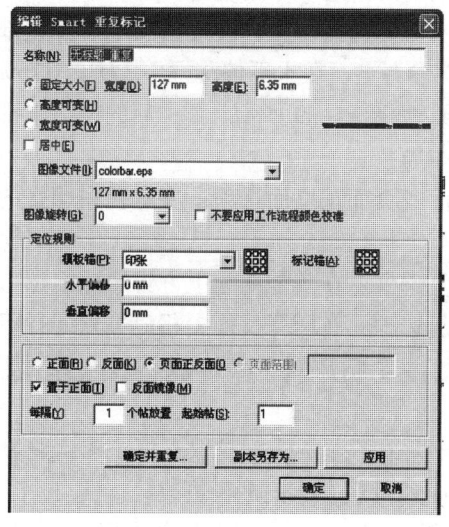

图 2-39 Smart 重复标记

名称：指定一个名称以便识别（例如，如果标记在模板上有特殊用途等）。

固定大小：使标记填充宽度和高度框在指定的区域，并尽可能地重复多次。

高度可变和宽度可变选项：在框中键入数值，将标记垂直或者水平放置，并根据大小尽可能地重复多次。此时选择宽度可变选项，高度设定为 6.35mm。

图像文件：选择要在标记中使用的图像文件。选择 color-bar.eps。

图像旋转：指定标记围绕所选锚点进行旋转的量，设定为 0，即不进行旋转。

定位规则：决定标记锚定的模板部分，模板部分上的锚点，以及水平和垂直偏移。对于矩形标记和重复标记，还需指定标记上用作定位锚点的点。需要指定定位规则的 Smart Mark 有 5 种：矩形标记、线标记、文本标记、重复标记和自定义标记。帖标、折叠标记和裁切标记使用不同的选项来指定定位规则。

此时模板锚列表选择印张，模板锚图示选择顶部参考点，标记锚图示选择顶部参考点，在水平偏移框中，键入 11mm；垂直偏移框中，键入 13mm，如图 2-39 所示。添加后的色标如图 2-40 所示。

指定帖的布局：

正面、反面或页面正反面选项：决定要在印张的哪个面上打印标记。

置于正面复选框：在其他内容上方打印标记。

反面镜像复选框：在印张反面上相应位置处打印标记。

每隔_____个帖放置，起始帖_____：决定要打印标记的帖。

保存 Smart 标记：准备使用或保存标记时，将其复制，用其他名称保存副本或者对现有标记进行更改。

确定并重复：创建一个可以修改并用其他名称保存的重复标记。

副本另存为：原标记保留原样。在另存为框中键入名称，标记将默认保存到 Smart Marks 文件夹中。

应用：可以看到标记的效果，并保持对话框打开。

确定按钮：保存标记并关闭对话框。

单击"确定"按钮，完成 Smart Mark 重复标记的制作，如图 2-40 所示。

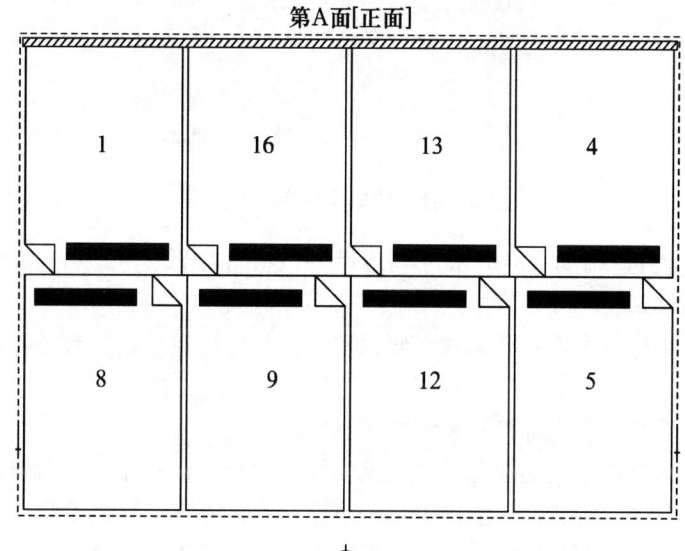

图 2-40　重复标记完成示意图

色标一般都放在大版的拖梢，并且铺满整个大版的版面。此时印张上将沿宽度方向放置色标，如图 2-40 上部一条长线。Colorbar. eps 标记为 864 mm × 6.35 mm。Preps 会在指定的区域内尽可能地将标记重复多次。同时如果标记超出该区域的部分则被裁切。

② 添加 Smart 帖标。帖标用于标识每个帖，确保帖以正确的顺序排列，并且没有缺失或重复的帖。Smart 帖标适用于胶订和骑马订装订样式。但是要注意骑马订帖标始终位于较低对开页号页头的上方；胶订帖标则始终位于最高和最低对开页面之间。单

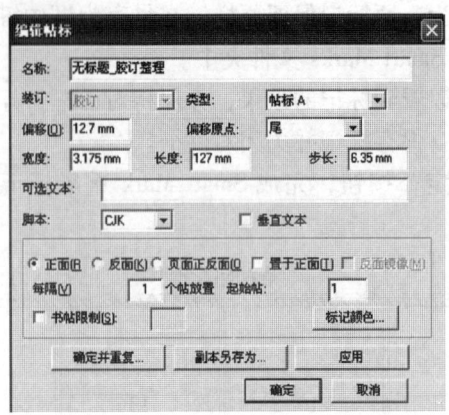

图 2-41 "编辑帖标"对话框

击"模板/添加 Smart Mark/帖标"命令,弹出如图 2-41 所示的对话框。

名称:指定一个名称以便识别(例如标记在模板上有特殊用途等)。

装订:决定标记的装订样式。

为标记指定的装订样式应该与模板的装订样式相同,所以此时装订样式应为胶订。如果 Smart 帖标的装订样式与模板不符,或者包含没有相邻放置的较高和较低对开页面,则该标记将不可见,并且无法选中和成像。更正 Smart 帖标的错误使用,只需更改标记的装订样式,使之符合模板的装订样式。将较高和较低对开页面重新编号,使之相邻放置。

类型列表:决定帖标的类型,本次作业可选定为帖标 A。

偏移:决定帖标相对于偏移原点的偏移距离,设定距离为 12.7mm。

偏移原点:决定从哪个边缘偏移帖标,设定为头。

宽度和长度:帖标的宽度就设定为默认值 3.175 mm;长度值设置不要少于帖数乘以帖标的长度,这里输入 63.5mm。

步长框:决定每个标记沿折叠线方向的大小,也就是帖标的长度,这里就设置为默认值 6.35mm。

步长设定为负数时,表示标记步进方向相反。同时在包含多个帖的作业中,当标记到达最大步长定义的点时,步进循环会进行重复。

可选文本:键入要在标记结尾处显示的文字,使用与标记相同的颜色打印。此时可以输入"Smart 帖标胶订"等文字。

指定帖的布局:可参照前面所述,此时对于帖标可以选择正面选项,其余设定接受默认值即可。

书帖限制复选:对于包含多个书帖的模板,此选项决定将标记仅限于哪个书帖。

保存 Smart Mark:具体设定如前所述。

单击"确定"按钮,完成 Smart Mark 帖标的制作,此时印张正面的页面 1 和 16 之间将出现帖标,并带有结尾示意图,如图 2-42 所示。

③ 添加套准标记。Preps 附带了多个 Smart 自定义标记,如图 2-43 所示。套准标记是其中的一种,现设定套准标记为 Smart 自定义标记,通过添加 Smart 的自定义标记来完成添加套准标记。

单击"模板/添加 Smart Mark/自定义标记"命令,弹出如图 2-44 所示的对话框。

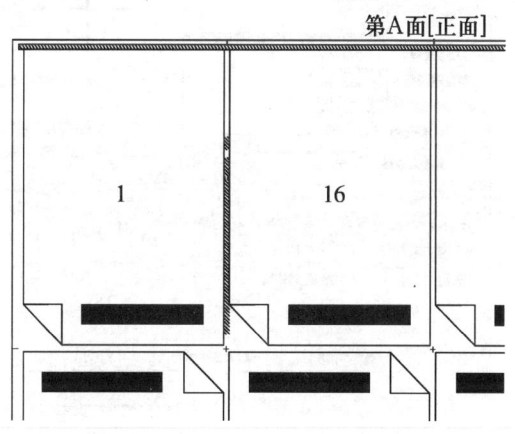

图 2-42 添加帖标完成示意图

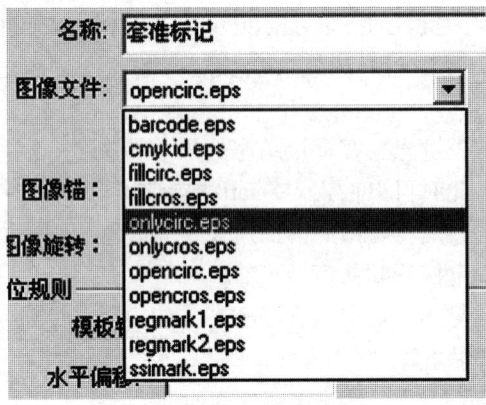

图2-43 自定义标记的种类示意图

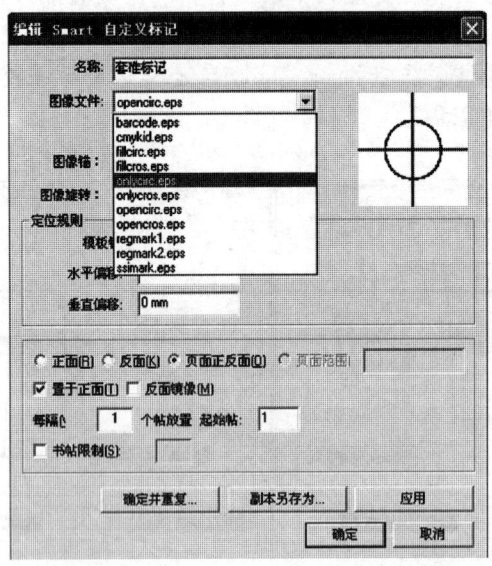

图2-44 自定义标记设定示意图

此时各个参数的含义可以参照前面的介绍进行理解,对于此次作业是进行套准标记的设定,所以图像文件此时选择 opencirc.eps (套准标记);图像锚点图标上的红点决定标记图像上要用作锚点的点,选择左边中间的点;图像旋转表示标记围绕所选锚点进行旋转的量,设定为默认值0。从定位规则下方的模板锚列表中,选择带出血的拼版。在模板锚点图标的图示上,选择底部左边的点。水平偏移为默认值0,垂直偏移为40mm,其他的值均为默认设置即可。

单击确定完成设置,此时套准标记位于印张页面5和8之间的叼口上,接下来只需使用同样的方法,只需更改锚点图标上红点的位置及水平和垂直偏移大小,即可完成套准标记的添加。一般套准标记设定的位置为左右纸边距为3mm,上下纸边距为40mm,完成设置后如图2-45所示。

④ 添加裁切标记。将 Smart 裁切标记添加到模板中的拼版页面或与模板无关的拼版页面时,标记将添加到所有页面。如果要将裁切标记添加到特定页面,则必须使用静态裁切标记。Smart 裁切标

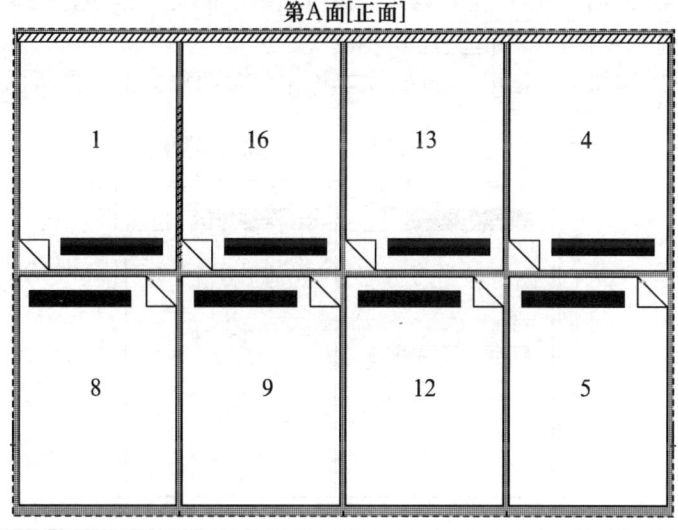

图2-45 套准标记设定示意图

记只能围绕拼版外侧添加，或在每个拼版页面的所有四个角上添加。单击"模板/添加 Smart Mark/裁切标记"命令，弹出如图 2-46 所示的对话框。

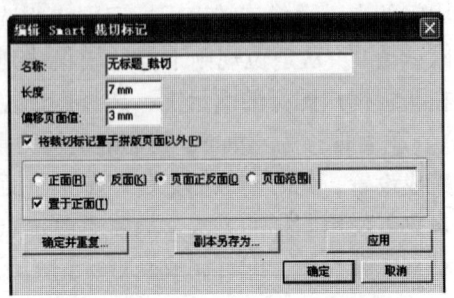

图 2-46　裁切标记设定示意图

根据裁切标记的作用和功能，长度和偏移页面值均为默认值，但不要勾选将裁切标记置于拼版页面以外的复选框。页面布局设置为页面正反面和置于正面。其他设置和作用均与前面的标记对话框的内容相同，可按其进行设置。然后点击"确定"按钮，完成裁切线的添加工作，如图 2-47 所示。

⑤ 添加文本标记。Smart 文本标记包含两种类型：平版标识符

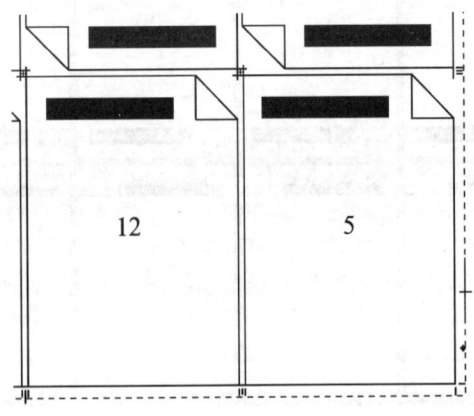

图 2-47　完成裁切标记的设定示意图

文本和文本标记。平版标识符文本标记以完全相同的位置显示在印张的每一面上，文本标记则在印张相反的一面上背面对齐（镜像）。单击"模板/添加 Smart Mark/文本标记"命令，弹出如图 2-48 所示的对话框。

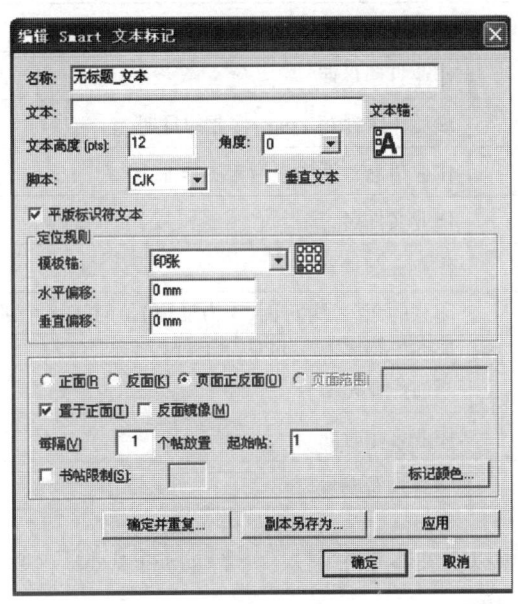

图 2-48　完成裁切标记的设定示意图

文本：键入要在标记中使用的文本或变量。

文本可指定可变文本，将 Smart 文本标记添加到印张时，需要指定要打印的文本。但可以使用可变文本，以便自动打印作业、模板或所要打印的作业部分的有关信息。所有可变文本均以"$"开头，并且不区分大小写。其变量和在文本中打印的内容如表 2-1 所示。

表2-1 变量与在文本中打印的内容

变量	在文本标记中打印的内容
$ COMMENT	打印对话框中备注框内的文本
$ COLOR	当前分色的名称
$ CUSTOMER	作业信息对话框中指定的客户 ID
$ DATE	作业打印日期
$ JOBDATE	最后一次保存 Preps 作业的日期
$ JOBID	作业信息对话框中指定的作业 ID
$ JOBNAME	作业文件名
$ JOB_TITLE	作业标题
$ SIDE	印张的面(A 为正面,B 为反面)。对于多个纸卷的帖,其他面可标记为 C 和 D 等字符。
$ SIG	当前作业帖编号
$ TIME	作业打印时间
$ WEB	印张纸卷编号

在此时可以在文本框中键入 sig $ sig side $ side color $ color date $ date time $ time。

文本高度:以磅为单位键入文本的大小。根据需要而定,这里可以设为 12。

角度:决定标记围绕所选文本锚点进行旋转的量,为默认值 0。

文本锚:决定文本标记上要用作模板锚点的点,选择顶点。

平版标识符文本:将标记以完全相同的位置放置在印张的每个面上。此时选中平版标识符文本复选框。

定位规则:从其下方的模板锚列表中,选择带出血的拼版。模板锚图示选择底部左边的点。其水平和垂直偏移框中,键入 3mm 和 -3mm。其余设置均为默认设置。单击确定完成设置,文本标记位于印张左下角处的叼口上。如图 2-49 所示。

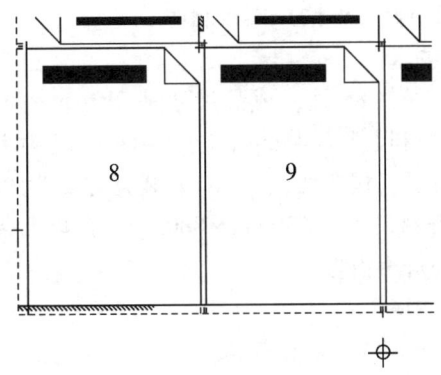

图2-49 完成裁切标记的设定示意图

（5）保存模板。完成以上的设置后，对模板进行保存。单击"文件/保存模板"或者"文件/模板另存为"命令，将模板保存到Templates文件（必须放在Templates文件夹内，才能供Preps作业使用），如图2-50所示。

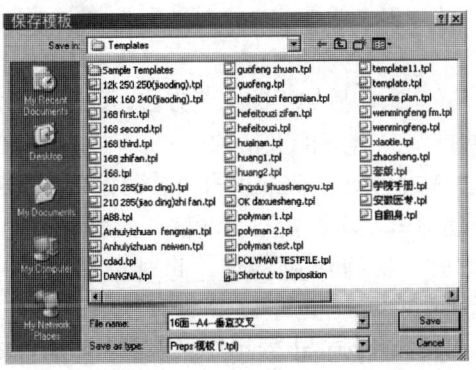

图2-50 "保存模板"对话框

模板的默认名称是首次创建该模板时键入的名称，如果需要，也可以在另存为框中键入其他名称，例如可以在Templates文件夹建立一文件命名为胶订，然后保存名为"16面-A4-垂直交叉"。

(二) 自翻身版（小帖）模板制作

☞ 1. 任务要求

某产品说明书共 88 面，成品尺寸是 210mm×297mm，安排在对开机印刷，叼口尺寸为 45mm，叼牙叼纸尺寸为 12mm，折页方式为垂直交叉折页，规矩为（5，6），装订方式为胶订，铣背厚度为 3mm，印刷开料尺寸为 630mm×880mm。据以上条件在 Preps 中制作拼版所需的折手模板。

☞ 2. 操作环境

① 安装了 Preps 5.2 的计算机。

② 工艺流程：

模板设置→页面编辑、设置→标记设置→保存模板。

☞ 3. 操作步骤

（1）新建模板。运行 Preps 5.2 折手软件，进入 Preps 的操作界面后，用鼠标选中"文件"下拉菜单中的"新建模板"命令，系统将弹出"新建模板"对话框。

① 目标设备。提供两种选择：打印时选择和 PS 打印，一般采用默认设置。

② 装订样式。指印后加工的工艺方法，此时作业应选用胶订。

③ 分帖的排置。指安排书帖的位置，对于此项选择默认设置即可，因为此时作业要求要完成所有书帖的排列。单击"确定"按钮，系统会自动弹出"添加帖"对话框，如图 2-51 所示。

④ 印刷方式。根据作业要求，此时选择小帖（自翻身版）印刷。

⑤ 大版尺寸。根据页面方向、布局、小页成品尺寸及页边距计算出大版尺寸。宽度等于总的毛尺寸的宽加上左右页边距。高度等于总的毛尺寸的高加上上下页边距。

⑥ 印张边到孔中心距、侧拉规位置。一般都采用默认设置，此次设置可设定为 45mm。

⑦ 中心标记的长度。默认设置为 6mm，此时表示的是中心点位置，能够对后道的折页起到校准的作用，如图 2-51 所示。

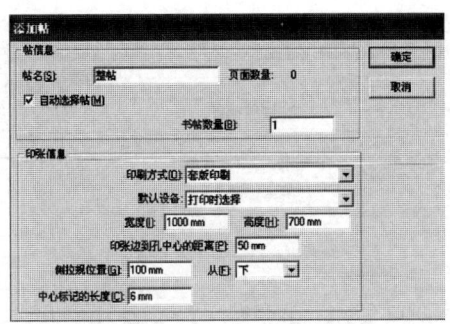

图2-51 "添加帖"对话框

（2）页面编辑。按确定按钮进入"小帖"窗口，如图2-52所示，从图中可以看出，只有正面，而没有反面，因自翻身印刷，纸张的正反面用的是同一副版。接下来我们需要进行拼版操作，单击"模板"下拉框中"创建拼版"命令，弹出如图2-53所示的对话框。

① 成品尺寸。与套帖设置一样。

② 拼版页面数量。与套帖不同，此时水平和垂直方向都只能安排2个页面。

③ 页面方向。与套帖设置相同，采用头对头的页面设置。

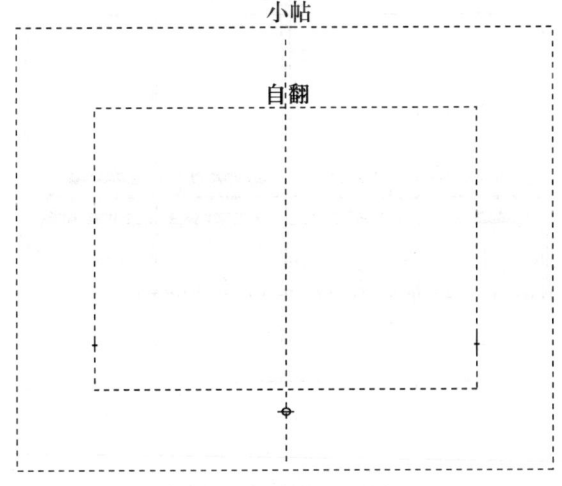

图2-52 自翻身印刷

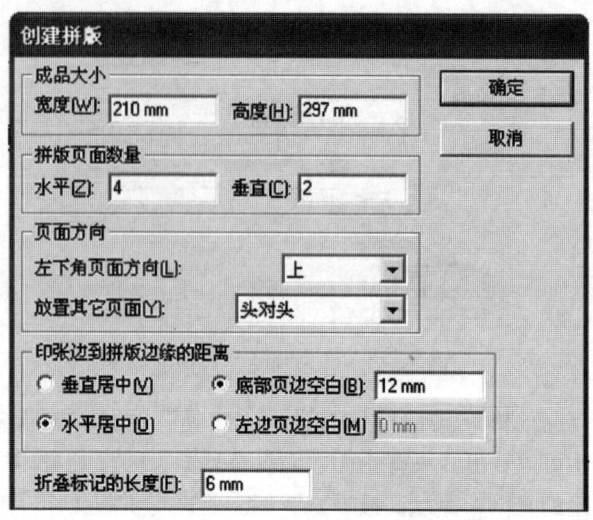

图 2-53 "创建拼版"对话框

④ 印张边到拼版边缘的距离。与套帖设置相同,单击"确定"按钮,完成拼版的创建工作,如图 2-54 所示。

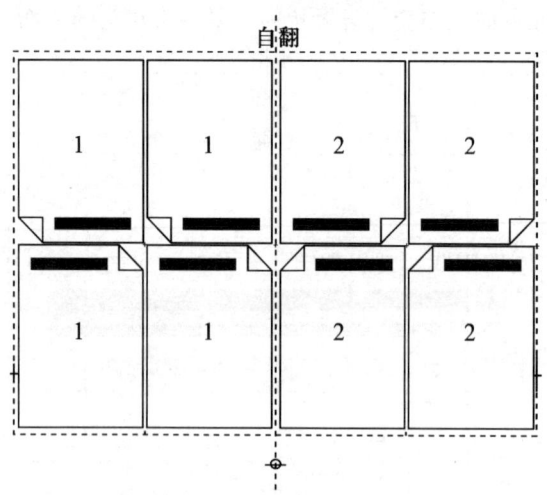

图 2-54 完成拼版的创建

(3) 页面设置：

① 安排页码。首先根据生产中所用折页机的折页顺序，做一个折样，页码顺序只要从 1 写到 8 即可。然后使用页面编号按钮，对折样上的页码顺序中所要修改的小页进行修改。修改完的结果见图 2–55 所示。

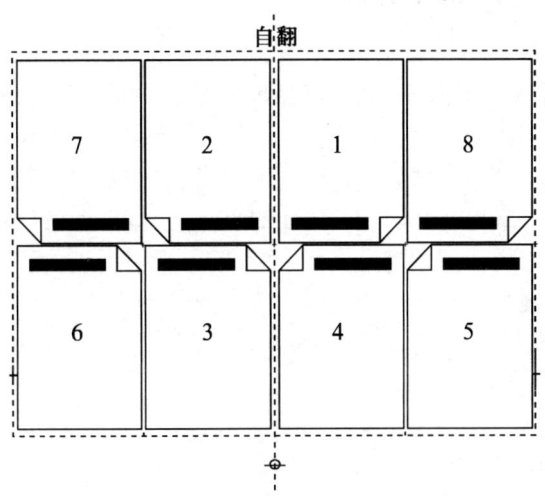

图 2–55　完成页码编排

② 页面设置。从作业任务中可知，经过垂直交叉折页和胶订加工获得产品，其每个小页面之间的间距宽度为 6mm，使"显示/隐藏页面"按钮处于激活状态，利用"选择对象"按钮单击页面 1 和页面 8 之间的中线，弹出如图 2–56 所示对话框，将中线以左和

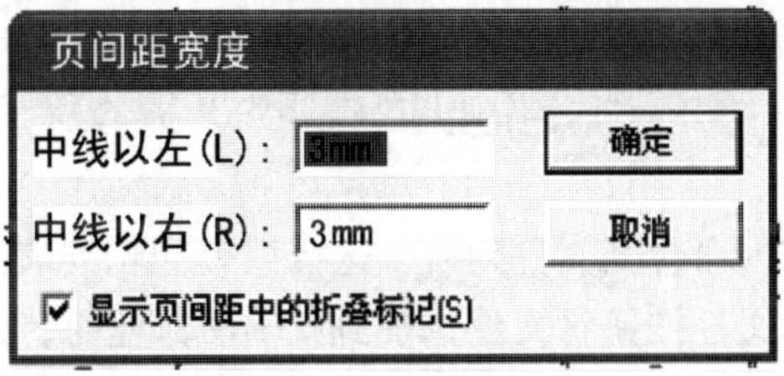

图 2–56　调节页间距宽度

以右的距离均设置为 3mm，单击确定按钮即可。同样根据要求，将其他位置的页面间距设定好。

标记设置、保存模板操作步骤和方法与套版印刷的设置方法是一样的，不重复介绍。

二、Preps 折手作业

☞ 1. 任务要求

某产品说明书共 88 面，成品尺寸是 210mm×297mm，安排在对开机印刷，叼口尺寸为 45mm，叼牙叼纸尺寸为 12mm，折页方式为垂直交叉折页，规矩为（5，6），装订方式为胶订，铣背厚度为 3mm，印刷开料尺寸为 630mm×880mm。据以上条件在 Preps 中制作拼版所需的折手模板。

☞ 2. 操作环境

① 安装了 Preps 5.2 的计算机。

② 工艺流程：

作业设置→选择模板→折手作业的设置→选择源文件→保存作业→输出 PS 文件。

☞ 3. 操作步骤

新建拼版作业就是将若干小页按需要的位置拼到一张大版上，并把相关的信息存到一个作业文件中，以便于输出生成 PS 文件。创建一个新的拼版作业，有两种模式：一种为混合文件，以 PostScript 格式输出；另外一种为 PDF 文件，以 PDF 格式输出。

进入 Preps 的操作界面后，单击"文件/新建作业/混合文件—PostScript"或"文件/新建作业/PDF—PDF"命令，弹出如图 2-57 所示的对话框。

此时操作视窗包括文件列表、运行列表和帖列表三个窗口，当我们利用添加文件按钮将文件添加到 Preps 作业时，这些作业窗口将显示源文件、源文件页面和所选版式的信息。

（1）文件列表。文件列表包含作业所用的源文件（或者是相

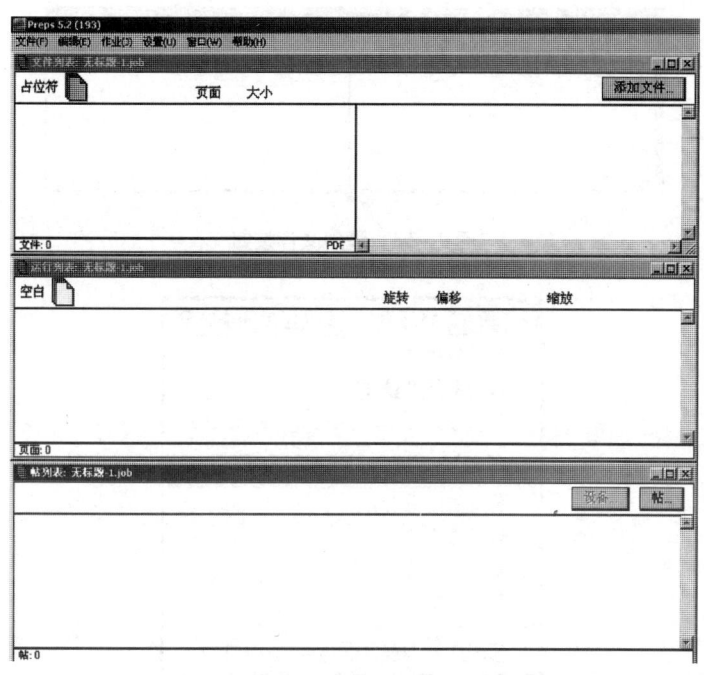

图 2-57 新建作业对话框

应的占位符)。将源文件添加到文件列表后,当前作业即可使用这些文件。但是,可不必使用文件列表中的所有文件,也不必使用每个文件所含的全部页面。文件在文件列表中显示的顺序也无关紧要。我们根据具体需要的页面进行选择,添加到运行列表窗口即可。

① 添加文件。在文件列表窗口中,有单击添加文件按钮(图2-58);单击"作业/添加文件"命令,选择添加的文件(图2-59);从 Windows 资源管理器中,直接将文件拖入文件列表窗口三种方法。添加完成之后,将自动显示源文件的信息,例如文件名、该文件的页数和页面大小。文件列表窗口的右侧将出现一些图标,它们分别代表源文件的每个页面,如图 2-60 所示。

② 添加占位符。在操作中,由于生产计划紧迫,可能源文件

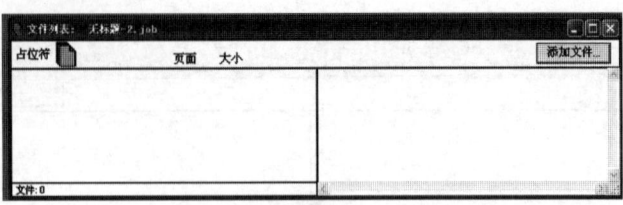

图 2-58　添加文件按钮

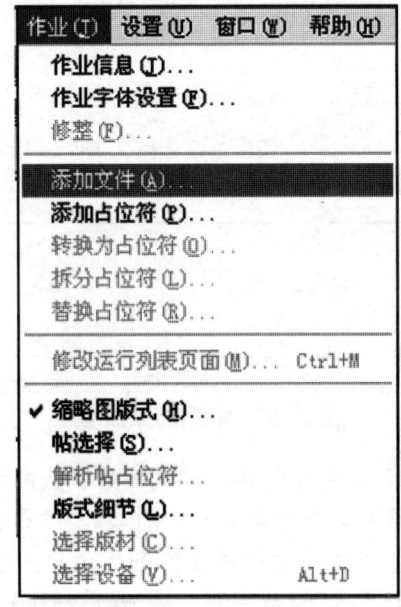

图 2-59　添加文件

图 2-60　显示页面信息

并未全部到齐,在现有的文件能够印刷几个帖的时候,可以利用占位符建立作业,然后进行部分的印刷,等其余源文件到齐后,即可完成全部作业。那么如何添加占位符呢?

单击图2-58上占位符的图标,拖入文件列表中,或者单击"作业/添加占位符"的命令(如图2-59所示),弹出如图2-61所示的"添加占位符"对话框。

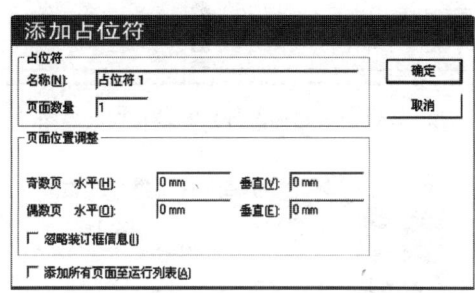

图2-61 "添加占位符"设置对话框

名称和页面数量是指对占位符进行描述,也可以用源文件名称命名,同时设置好要添加占位符的页数,例如,本次作业如果在没有一个源文件的前提下,可以命名为"88页胶订产品",需设置"88页"占位符来完成作业的设置。如果我们要将此时添加的占位符自动添加到运行列表的话,就需要将"添加所有页面至运行列表"前的框勾选上。完成设置单击"确定"按钮,就会出现如图2-62所示的效果。

③编辑占位符。当完成上面设置,如果需要更改占位符的名称和页数时,可以通过选择文件列表中的占位符图标,然后单击"编辑/获取信息"命令(如图2-63所示),弹出如图2-64所示的"占位符信息"对话框,可以根据具体要求,将其相关的值进行修改,单击确定完成编辑。

④替换占位符。在操作过程中,在作业制作过程中或者结束作业时,如果源文件全部到齐,我们可以利用源文件直接替代占位符,而不要重新制作。操作方法和编辑占位符的方法基本相同,选

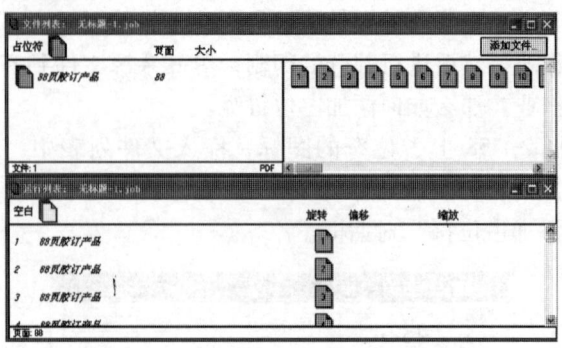

图2-62 "添加占位符"设置后效果图

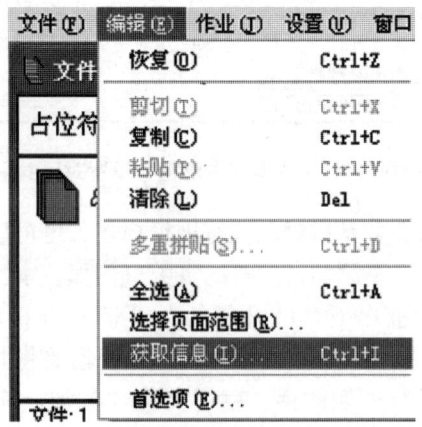

图2-63 编辑/获取信息命令框

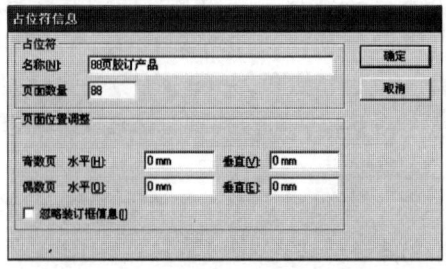

图2-64 "占位符信息"对话框

择文件列表中将要被替换的占位符图标,然后单击"作业/替换占位符"命令,选择源文件直接进行替换即可。

在替换占位符时,会出现以下三种情况。

第一种情况:源文件页数与占位符指定页数相同,可以直接进行替换。

第二种情况:源文件页数大于占位符指定页数,此时系统会显示警告信息,并有三种操作提示:将多余页面添加到运行列表中该占位符的最后一页之后;不将多余页面添加到运行列表;取消该占位符的替换操作。

第三种情况:源文件页数小于占位符指定页数,同样会显示警告信息,并有三种操作提示:从运行列表中删除多余页面;拆分占位符,为缺少的页面创建一个新的占位符;取消该占位符的替换操作。

在现实操作中,由于开始的操作不当,经常会出现第二种和第三种情况,对于第一种和第二种情况很好操作,对于第三种情况,就需要拆分占位符才能完成工作。

⑤ 拆分占位符。当出现上面的第三种情况,我们需要进行拆分占位符的工作。同样我们需要选择所要拆分的占位符图标,单击"作业/拆分占位符"命令,弹出如图 2-65 所示的"拆分占位符"对话框。

可以根据具体要求,例如此时完成源文件的页数为 40 页,小于所有占位符 88 页,就可以在第一个占位符键入 40(页),第二个占

图 2-65 "拆分占位符"设置对话框

位符会自动变为48页（88-40=48），单击"确定"按钮完成设置。在文件列表中就会出现两种占位符信息，如图2-66所示。

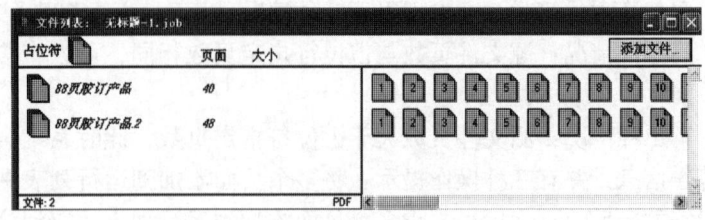

图2-66 拆分占位符后文件列表效果图

⑥ 转换为占位符。在添加源文件时，出现添加的某一错误源文件时，还可以通过"转换为占位符"命令，首先将其转换为占位符后，再用正确的源文件替换。从文件列表中选择需要转换的源文件图标，单击"作业/转换为占位符"命令，弹出如图2-67所示的"转换为占位符"对话框。

图2-67 "转换为占位符"对话框

根据提示完成设置，单击"确定"按钮完成转换为占位符的操作。

（2）运行列表。运行列表用于从头到尾排列页面的最终印刷顺序。例如一本杂志的运行列表可按如下方式建立：封面、封二、内页（第1~24页等）、封三、封底构成。此时就要安排好每一个页面的具体位置,不要放置错误,否则作业完成之后的排版页面和页码也会出错。所以源文件的具体放置位置要在此运行列表中完成设置。

① 添加页面。在运行列表窗口中,添加页面的方法有三种:

第一种方法:在文件列表中添加源文件时,勾选上"添加所有页面至运行列表"复选框,源文件会自动添加到运行列表中。

第二种方法:从文件列表中将源文件、页面或者占位符等直接拖到运行列表。

第三种方法:从资源管理器中直接将源文件拖到运行列表中。

采用第三种方法时,如果该源文件不属于列表文件的话,通过此种方法,该文件会自动出现在文件列表中。

通过以上方法操作添加页面,可获得如图 2-68 所示的运行列表图。

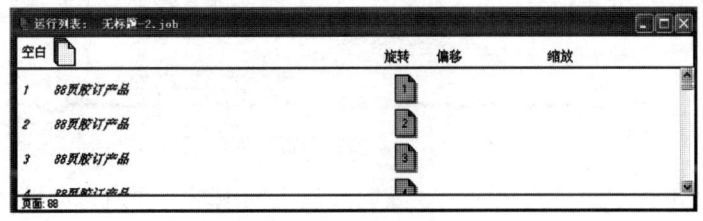

图 2-68 添加页面操作

② 添加空白页至运行列表。实际操作中,在编排一本书籍时,有时候会出现前面一章在奇数页结束,而编者又要求新的一章需要从奇数页开始,这就需要在此两章之间添加一空白页,来解决这个问题。

对于添加单个空白页而言,只需将鼠标点击运行列表窗口上的"空白"图标,按住鼠标左键不放,拖到需要添加空白页的位置即可,例如在图 2-68 中第 2 和第 3 页之间添加一空白页,采取上述操作方法添加后,获得如图 2-69 所示的效果图(此时图中第三页为空白页)。

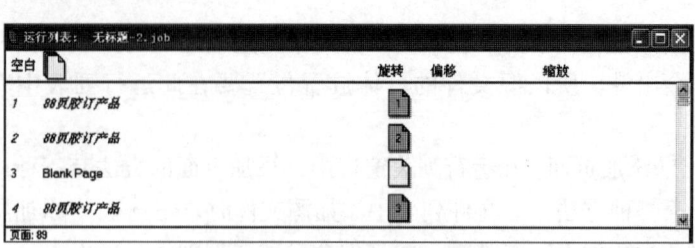

图 2-69　添加空白页面操作

添加多个空白页时，操作方法和添加单个空白页基本相同，只需按住"SHIFT"键进行拖动，此时会弹出"添加空白页"对话框，如图 2-70 所示。在页面数量中输入需要添加的空白页数量，单击"确定"按钮即可完成设置。

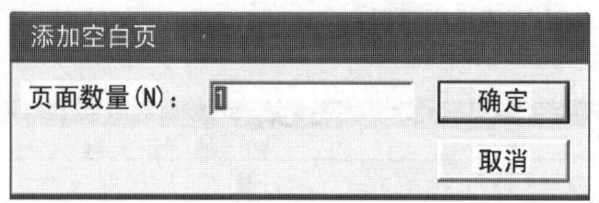

图 2-70　"添加空白页"对话框

③ 修改运行列表页面。在完成以上的编辑工作后，可以直接对运行列表中页面进行添加、删除和重新排列。只需利用鼠标双击需要调整的页面，弹出如图 2-71 所示的"修改运行列表页面"对

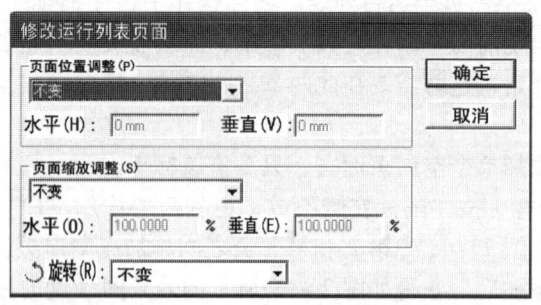

图 2-71　"修改运行列表页面"对话框

话框，根据具体的要求对页面的位置、页面大小、放置方向等进行调整，单击"确定"按钮完成操作。

（3）帖列表。完成以上文件列表和运行列表两项操作，将源文件以正确的顺序排列之后，接下来的一步操作，就是要选择适当的作业模板。Preps 会自动将运行列表中已排列好的每一页面，自动排入帖中的每一页面进行拼版。

图 2-72 "帖选择"对话框

单击"帖列表"窗口中的"帖"按钮，系统会自动弹出如图 2-72 所示的"帖选择"对话框。

Preps 软件中集成了多个模板，可用于不同的装订样式（前面已经介绍了 5 种常见的装订样式）。可以根据要求选择、修改软件中的模板，也可以按照前面介绍的方法，创建相应产品使用的模板。

添加帖的方式主要有两种方法：

第一种方法：自动添加。在"帖选择"对话框中选择模板名称，然后单击自动选择。Preps 会根据运行列表的页面数量进行选择帖。页面不够填充最后一个帖时，软件会自动将缺少的页面留空。

第二种方法：手动添加。要手动添加帖，在"帖选择"对话框中选择要使用的帖，然后单击添加。此种方式可根据具体要求添加帖，其数量不受限制，所以可创建空白帖。

完成选择之后，可以根据实际操作需要，更改模板在作业中的顺序。操作方法：只需选中要移动的模板，单击上移或下移按钮进行调整；删除模板时，选定之后，单击删除按钮即可。

完成添加帖的操作后单击"确定"按钮，在"帖列表"窗口中就会出现已经添加的帖，如图 2-73 所示。

（4）预览调整修改页面。完成上述设置之后，拼版作业基本完成，但根据要求需要对其进行调整和修改，尤其是要进行预览。方

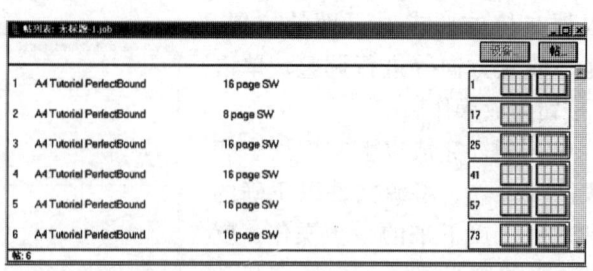

图2-73 完成添加帖操作效果图

法很简单:第一可以通过选择要预览的源文件、帖,然后单击右键;第二可以选择要预览的源文件、帖,单击"文件/预览"命令,均弹出如图2-74(文件列表中源文件)、图2-75(运行列表中源文件)、图2-76(帖列表中拼版后帖的显示)所示的对话框。

可以根据具体要求,对页面位置进行调整,例如调整文件列、运行列、作业中的位置,调整后可以只将设置应用于单个页面、奇数面、偶数面、所有的页面等。完成以上的操作之后,就可以进行

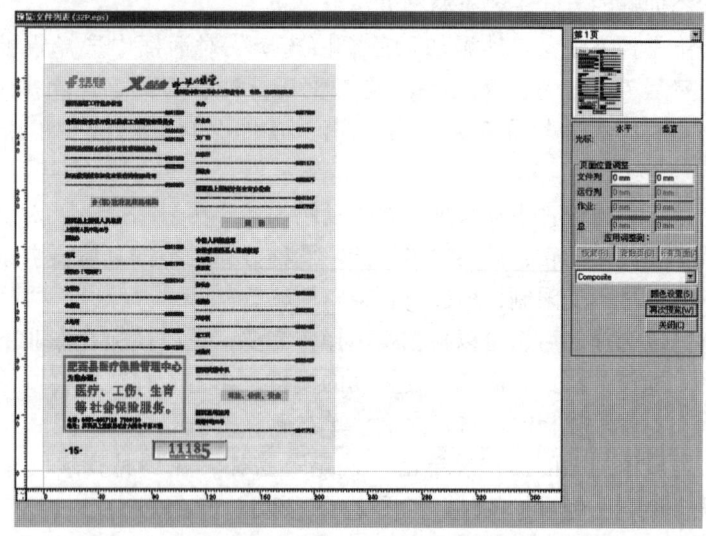

图2-74 预览文件列表中源文件

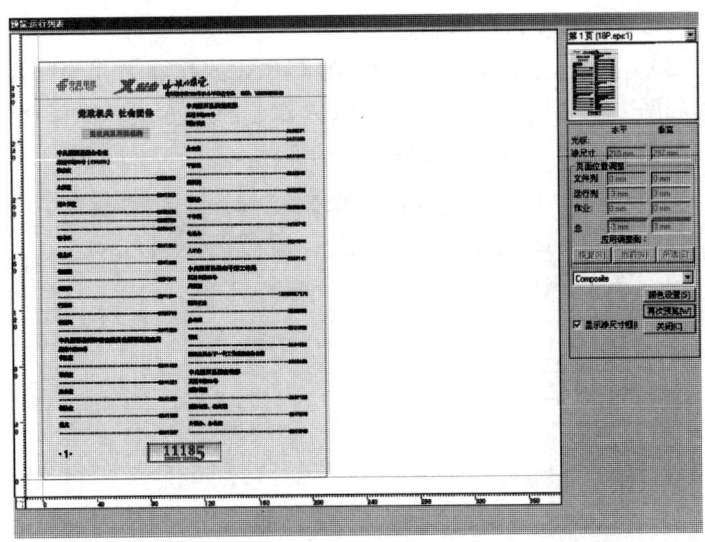

图2-75 预览运行列表中源文件

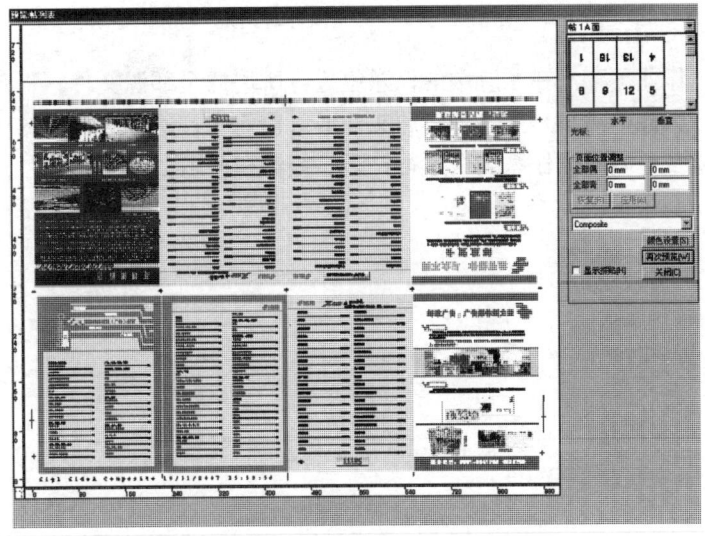

图2-76 预览帖列表中完成拼版后的页面

最后一步的操作：保存作业。

（5）保存作业。单击"文件/保存作业或作业另存为"命令，弹出如图2-77所示的对话框，输入作业的名称，选择保存位置后，单击"确定"按钮，完成作业的保存。

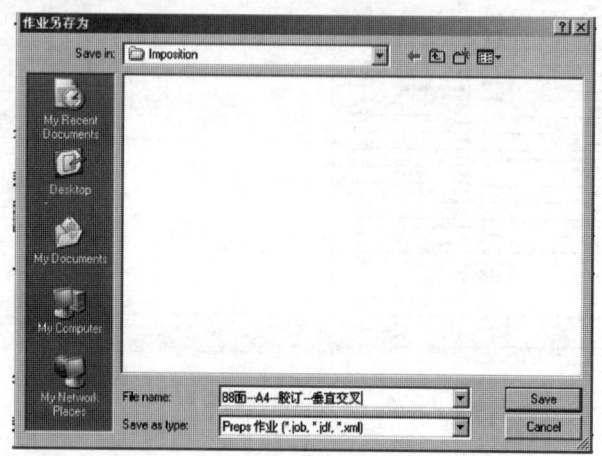

图2-77 作业保存对话框

作业可存储在系统中的任意位置，所用的全部源文件，将一起进行保存，而不是简单的将源文件嵌入作业中，所以保存后的作业可以在不同的操作系统中进行打开、编辑和使用。

折手软件流程中的应用

随着数字化工作流程的不断普及,折手软件可作为一个模块被集成到流程中进行运用。如方正畅流中集成了方正文合来对书刊类产品进行拼大版作业;柯达公司的 Prinergy 流程中集成了 Scenic Soft Preps 来对书刊类产品进行拼大版作业。

一、方正文合在畅流中的应用

☞ 1. 任务要求

《江淮文摘》杂志共 56 面,成品尺寸是 210mm × 285mm,要求在对开印刷机印刷,折页方式为垂直交叉折,规矩为 (5,6),装订方式为骑马订。

☞ 2. 操作环境

① 安装了方正畅流 V 4.1 商业版的计算机。

② 工艺流程:

先登录客户端→新建作业→选择源文件→处理模板参数设置→保存、退出折手模板

☞ 3. 操作步骤

(1) 登录客户端。双击桌面上畅流客户端的快捷方式图标,弹出客户端登录窗口,输入操作员的用户名和密码,如图 3-1 所示。在客户端登录窗口 单击"确定"按钮,进入畅流主界面。

(2) 新建作业。在作业导航器中,单击"新建"按钮,弹出"新建作业"窗口,如图 3-2 所示。

输入作业名称等信息,确定后自动进入作业窗口,如图 3-3 所示。

拼版与晒版工艺

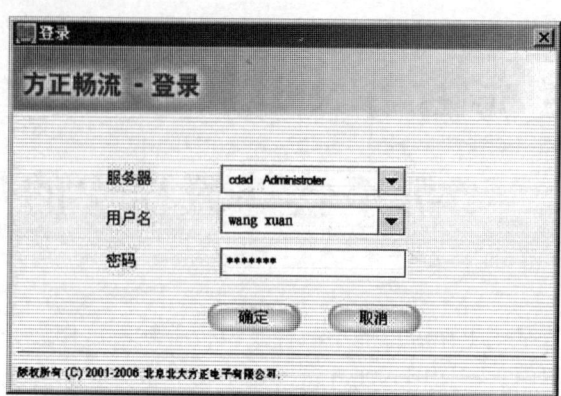

图 3-1 客户端登录窗口

图 3-2 新建作业

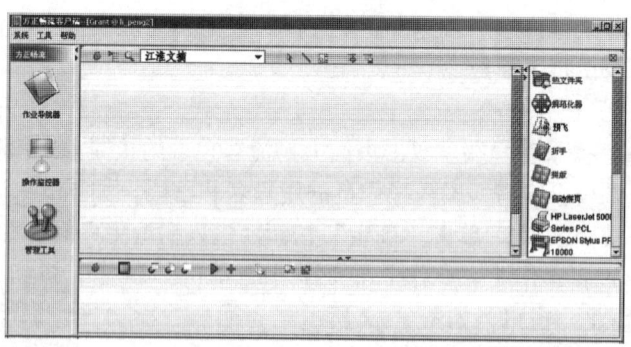

图 3-3 作业窗口

下面我们将以构建一个包含规范化处理器、折手处理器、打印处理器的作业流程为例进行介绍。

从作业窗口右侧的处理器列表中选择所需处理器，拖曳图标至左侧的作业传票区，如图3-4所示。

图3-4 选择处理器节点

（3）选择源文件。选中规范化器节点，单击 按钮，弹出"选取文件"窗口，该窗口的路径列表中列出所有由畅流控制台的环境设置中的源文件所指定的路径，如图3-5所示。

图3-5 "选取文件"窗口

在路径中选取所要处理的源文件,该文件将出现在作业窗口的源文件子窗口中。

(4)处理器及模板参数设置。双击作业窗口中的处理器可以设置处理器的参数,此处以折手处理器为例,如图3-6所示。

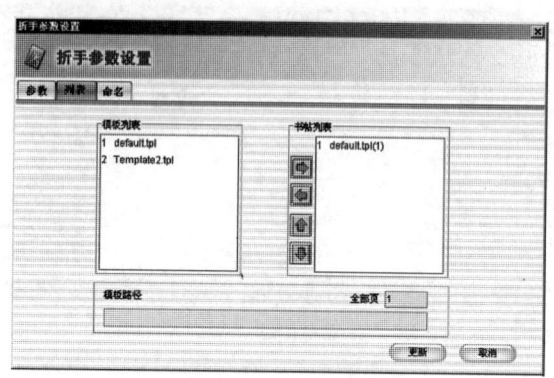

图3-6 新建模板

在其模板列表中用鼠标右键单击选择"新建模板"。此时会自动调出畅流折手程序,用于创建折手模板,如图3-7所示。

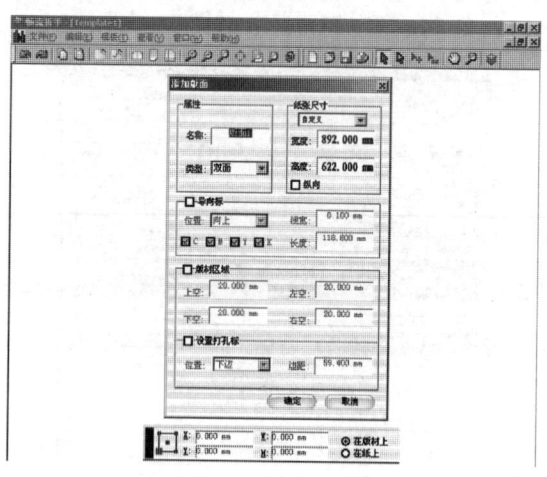

图3-7 创建折手模板

建立版面后,使用模板菜单中的创建布局,可弹出"布局属性"窗口,根据生产要求建立布局,如图3-8所示。

图3-8 建立布局

使用自动设置页号工具,设置小页的页号,如图3-9所示。

然后,可以使用模板菜单中的标记箱加入各种标记,如图3-10所示。

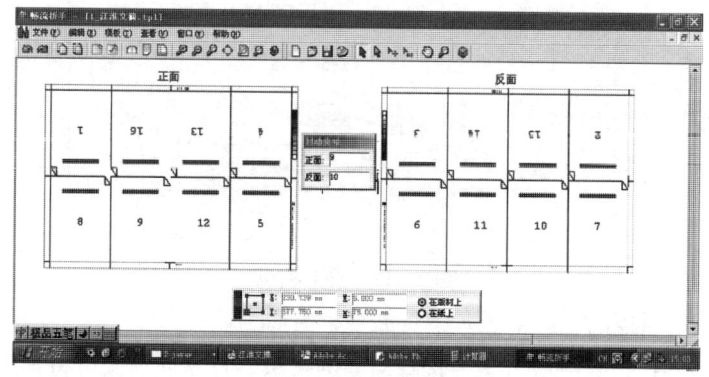

图3-9 设置小页的页号

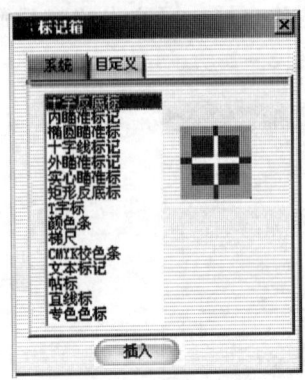

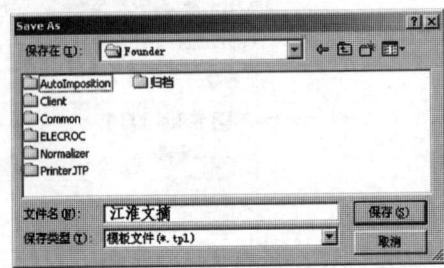

图3-10　标记箱　　　　　图3-11　保存模板

建好模板后从"文件"菜单中选择"提交"命令，将弹出"保存"模板窗口，如图3-11所示。保存后会提示提交成功。

从折手模板列表中，单击右键菜单中的"刷新"，提交成功的模板会出现在列表中，如图3-12所示。

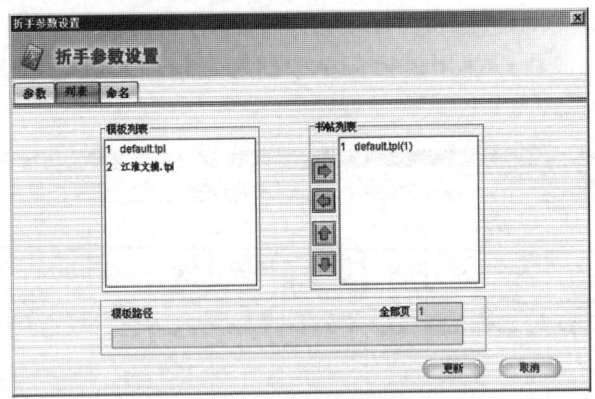

图3-12　提交模板

用同样的方法再建一个自翻身版模板。

（5）设置拼版方案。选择新建的模板，点右向箭头可将其加入书帖列表，根据本页数的多少可以重复选取，方法同前，排列好各

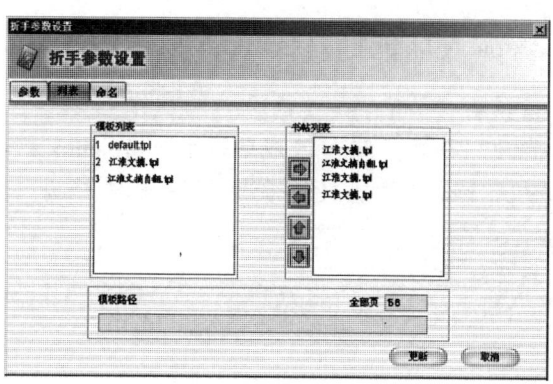

图 3-13 设置拼版方案

模板的顺序,如排列顺序有变动,可以用对话框上的上下箭头调整,如图 3-13 所示。

(6) 拼版。将规范过的源文件全选,然后拖入拼版方案图标就可完成拼版工作,拼好的版如图 3-14 所示。

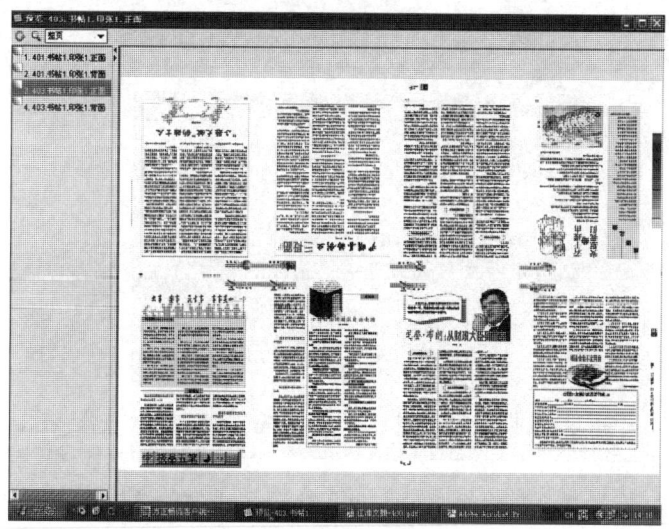

图 3-14 拼版预览图

二、Preps 在印能捷（Prinergy）中的应用

☞ 1. 任务要求

《黄山邮政》杂志共 56 面，成品尺寸是 210mm×285mm，要求在对开印刷机印刷，折页方式为垂直交叉折，规矩为（5，6），装订方式为胶订。

☞ 2. 操作环境

① 安装了 Prinergy 3.1 的计算机。

② 工艺流程：

先登录客户端→新建作业→添加输入文件→导入拼版方案→分配页面至位置。

☞ 3. 操作步骤

（1）登录客户端。双击桌面上印能捷客户端的快捷方式图标，弹出客户端登录窗口，输入操作员的用户名和密码，如图 3-15 所示。在客户端登录窗口 单击"确定"按钮，进入印能捷主界面。

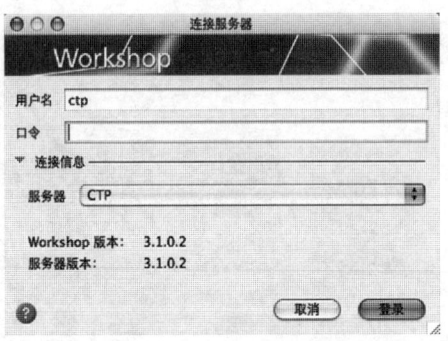

图 3-15　登录客户端

（2）新建作业。单击"文件"菜单下的"新建作业"，如图 3-16 所示。

在弹出的"新建作业"窗口，输入作业名称等信息，确定后自动进入作业窗口，如图 3-17 所示。

（3）添加输入文件。单击"文件"菜单下的"添加输入文

单元三 折手软件流程中的应用

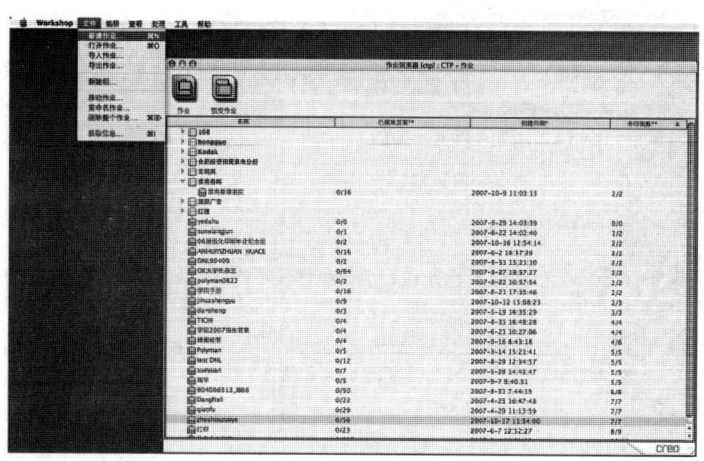

图3-16 新建作业

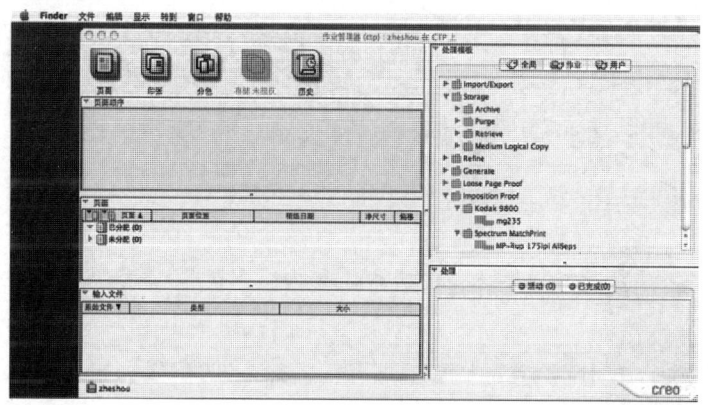

图3-17 "新建作业"窗口

件",如图3-18所示。

弹出"选取文件"窗口,该窗口的路径列表中列出所有由印能捷控制台的环境设置中的源文件所指定的路径,在指定文件夹下选中所要拼版的文件。印能捷能够自动对选取的文件进行"精炼"处理,如图3-19所示。然后精炼完的文件就会出现在作业窗口的源

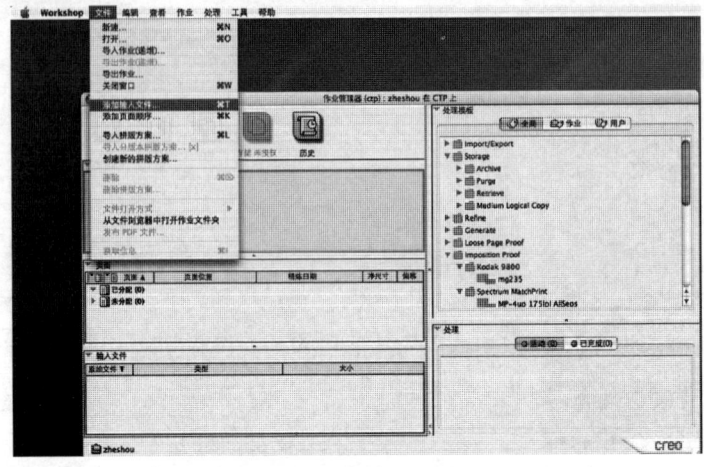

图 3-18 添加输入文件

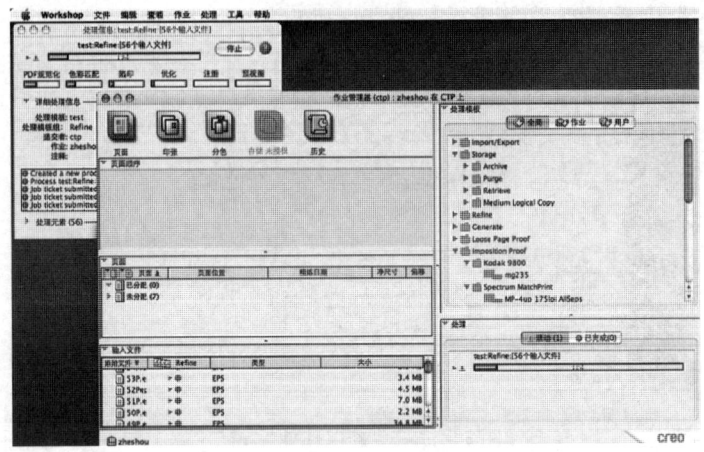

图 3-19 精炼对话框

文件子窗口中。

(4) 导入拼版方案。拼版模板的设置是在 Preps 中设置的,设置方法同在 Preps 软件中的拼版方法相同,设置好本次作业所要的所有套版模板和自翻身模板后,在拼版作业中置入所需要的所有的模板，如图3-21所示，按"ctrol+A"，然后按"ctrol+P"，打印成"pjtf"格式，存储到印能捷控制台设置的指定文件夹下备用。

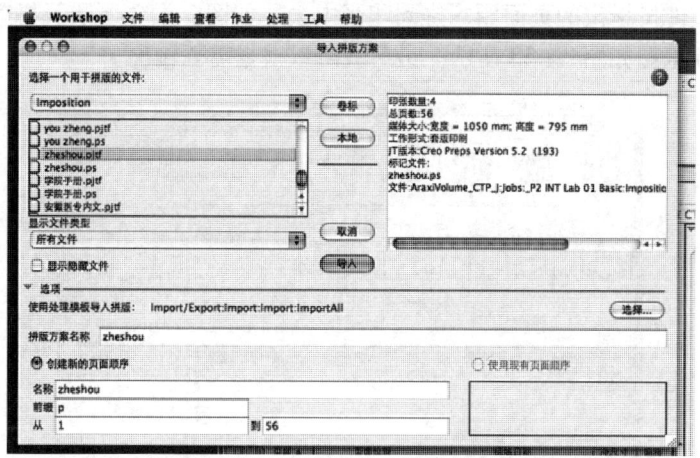

图3-20 导入拼版方案对话框

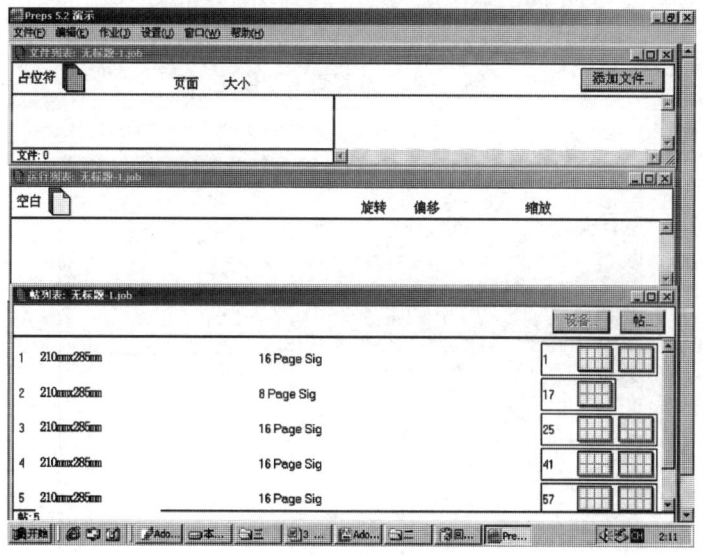

图3-21 设置拼版方案

(5) 分配页面至位置。用鼠标右键单击未分配图标，在下拉菜单中点击"分配页面至位置"，然后印能捷就可以自动将分配进来的文件按指定的页面顺序拼到印张中去，如图 3-22 所示。拼版后的预览图如图 3-23 所示。最后就可以根据需要输出。

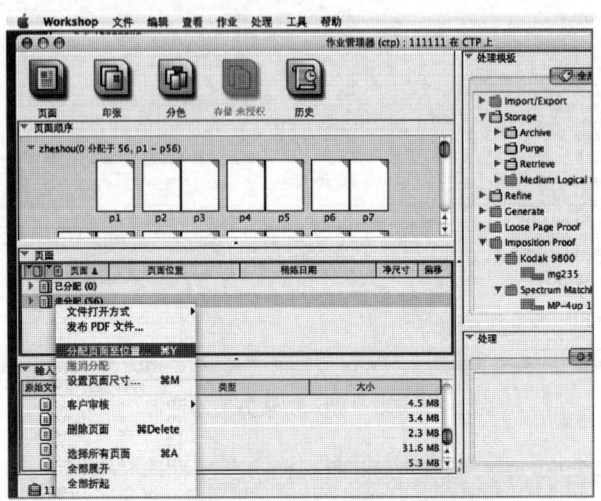

图 3-22　分配页面至位置

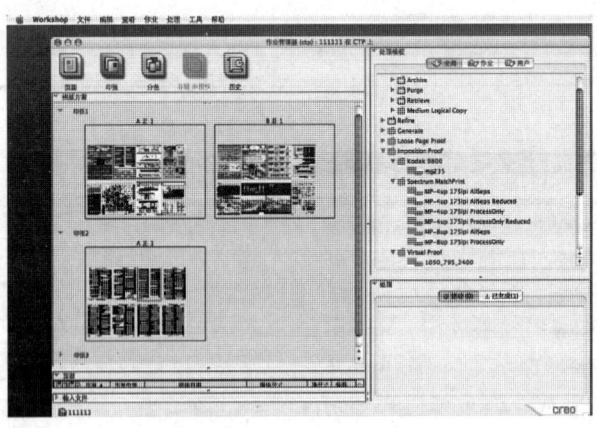

图 3-23　拼版预览图

单元四

晒版是将经过印前输入、处理、最终输出在印刷胶片上的图形、图像和文字信息转晒到金属印版上去的过程，这一过程通常是在晒版机上进行的。

第一节 平版印版

印版是联系印前和印刷的桥梁和纽带，起到承上启下的作用。过去平版印刷使用过多层金属版，即由两层或三层金属组合而成的平版印刷版。

多层金属版的图文部分和空白部分选用亲油性不同的金属。图4-1为多层金属版的结构图，印版基层为铁质支持体，第二层为亲水性能较好的 Cr、Ni（铬、镍）金属层，第三层即表层为亲油性较好的金属 Cu（铜）。制版操作前，在多层金属版的表面涂布一层感光胶层，在制版过程中，通过光化学反应把需要腐蚀部分的感光胶溶解掉，然后通过腐蚀除去表层镀层金属，露出下层金属，从

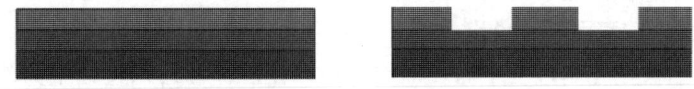

图4-1　Fe + Cu + Cr 多层金属版

而形成印版的图文和非图文部分。

图文部分：亲油性金属 Cu（铜）。

空白部分：亲水性金属 Cr、Ni（铬、镍）。

现在平版印刷一般都用 PS 版，PS 版是预涂感光版（Pre - Sensitized Plate）的英文缩写。它是将感光材料涂布在经过表面处理的铝板（见图 4-2）上而形成的印版。铝板具有重量轻，易于进行表面改性处理，能形成细腻砂目和亲水耐磨的表面氧化层等特点，是最为广泛使用的一种优质版材。

图 4-2　卷筒铝板

一、PS 版的生产工艺

工艺过程：铝板表面清洁→电解糙化→清洗→阳极氧化→封孔→涂布感光层→干燥→质量控制→涂布毛面导气颗粒→裁切→打包。通常的金属版材是不能直接用来涂布感光液制作印版的，必须在涂布感光液之前进行必要的表面加工处理，改变或改善其原有的一些性能，使其能够更好地适应制版与印刷的要求。PS 版版材的表面处理主要包括表面净化处理、表面粗化处理和氧化处理等。PS 版生产过程如图 4-3 所示。

（一）表面净化处理

铝板在轧制过程中需要油质冷却，在贮存和运输过程中为防止腐蚀，表面涂有矿物油或动植物油，这些过程都不可避免地给板面带来油类和污物，这些油类和污物无论在磨版中还是在电解粗化中

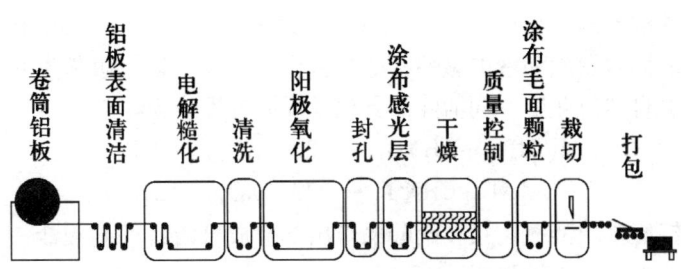

图4-3 PS版生产流程图

都会使表面砂目粗细不均匀,深浅不一,最终造成印版质量下降,所以必须将版材表面清洁干净。除油处理的目的就是除去金属表面的工艺润滑油和防锈油及其他污物,以保证在磨版粗化或电解粗化工艺过程中制得粗细均匀的砂目。一般可分两次除油:有机溶剂物理除油处理和化学方法除油处理。

☞1. 有机溶剂物理除油处理

有机溶剂物理除油通常采用汽油、煤油清除版材表面的油脂、油墨等。因为有机溶剂对沥青块、干固油质的除油效果比较好,同时可免除由于油质层涂布不均匀而引起化学除油时腐蚀程度不均匀的弊病。

☞2. 化学方法除油处理

化学方法除油是依赖化学作用,使油类皂化或乳化而脱离金属表面。铝版基一般采用氢氧化钠(3%~4%),磷酸三钠(5%~7%)的水溶液(60~70℃)进行除油处理。其中,磷酸三钠实质上作为乳化剂,它使油脂类(主要是矿物油)的表面张力降低,形成微小的乳浊状珠滴,在搅拌下,脱离铝版基表面分散于溶液中,从而达到去除油污的目的。氢氧化钠则是皂化剂,它使油脂(主要是动、植物油)发生皂化反应,成为溶于碱水的脂肪酸盐,从而达到除油的目的。其化学反应方程式为:

$$(R_1\text{—COO})_3R_2 + 3NaOH \longrightarrow 3R_1COONa + R_2(OH)_3$$

　　油脂　　　　碱　　　　肥皂　　　醇

其中 R_1、R_2 分别表示烷烃基。

经化学除油后的金属版基应用热水冲洗,将皂化物、乳化物及碱液冲洗干净，再用30%的硝酸进行处理，其作用：一是中和金属版基表面残留除油液的碱性；二是将金属版基（以铝版基为例）表面上的自然氧化膜一同清除。其化学反应方程式为：

$$Al(OH)_3 + 6HNO_3 \longrightarrow 2Al(NO_3)_3 + 3H_2O$$

$$Al_2O_3 + 6HNO_3 \longrightarrow 2Al(NO_3)_3 + 3H_2O$$

铝版基上的氧化膜在硝酸的作用下生成可溶解的硝酸盐，然后用水冲干净，干燥待用。

（二）表面粗化处理

1. 版材表面粗化处理

版材表面粗化处理是指在版材正面形成砂目，使其表面粗糙度增大的加工过程。

（1）版材表面粗化的作用机理。

金属版材中无论是铝板还是锌板，均因其结构致密、表面光滑，而不能直接用来制版。一是其光滑表面的吸附力小，在上面很难形成稳定、耐磨的感光层或图文基础的吸附膜层；二是其亲水吸水能力弱，难于形成理想的空白基础。因此用于制作普通平版的金属版材首先必须进行表面粗化处理，通过粗化处理，使其表面形成砂目，从而表面积增大，吸附能力增强，这对晒制出稳定、耐磨和高质量的印版具有重要意义。

粗化处理并没有改变版材原有的亲和特性，只是改变了版材表面的微观结构，把光滑的表面变为粗糙的砂目面，使更多的金属原子或离子裸露出来，表面活化度增大。同时细密的砂目犹如无数根毛细管，有很强的凝结功能，极易吸附和贮存作用于其表面上的液体物质。这时不仅有正常的物理吸附力和化学吸附力的作用，更重要的是还有毛细管的作用，可把液体，如涂布的感光液或润版液吸入砂目内，形成了有"根系"的稳定黏附膜层。

（2）版材表面的粗化方法。

金属版材的表面粗化方法主要有机械力学粗化法和电化学粗化法两大类，具体包括机械球磨法、刷磨法和电解法三种，其特点、用途等见表4-1所示。

表4-1 版基粗化方法特征表

方式	电解法	球磨法	刷磨法
设备	电解槽(池)	磨版机	刷磨机
材料	酸性电解液	磨球、磨砂	磨砂
原理	电化学氧化溶解	力学挤压研磨	力学刷磨
影响因素	电解液种类、浓度、温度；电流波形、强度	磨料硬度、细度、磨版机转速、冲程；研磨时间	刷毛长度、硬度，磨砂细度、硬度；毛刷压力、转速
特点	可形成多层砂目，质量好、工效高，但不能处理平凹版旧版基	成本低，并具有磨平功能；工效低，噪音大，砂目粗	工效较高；砂目浅，且有一定的研磨方向性
用途	单张或卷筒铝板	单张锌板或平凹版旧版基	卷筒铝板

(3) 版材表面粗化的质量要求与检查。

粗化质量主要是指在版材表面上形成的砂目形状特征。砂目即版基表面上凹凸形状的细微坑包小点，凸起的小包点称为砂峰，凹下的小坑点称为砂谷。峰谷的深浅、大小和匀度直接决定和影响着砂目的结构形态与粗化质量。实践证明：细密且较深的"多层砂目"（见图4-4所示）有利于网点和图文细微层次的再现，有

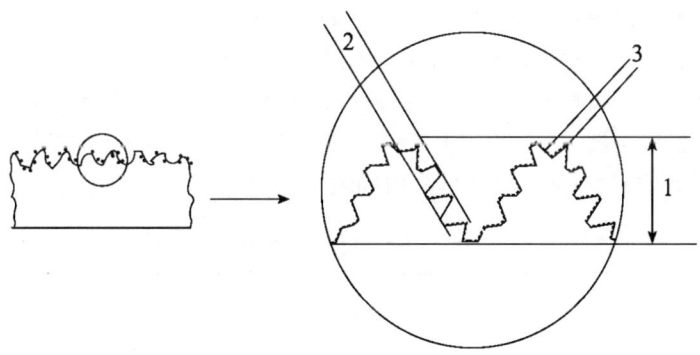

图4-4 多层砂目结构示意图

1—粗波(基本砂目)；2—中波(砂目侧壁上的微砂目)；3—微波(氧化膜微孔)

利于建立起牢固的图文基础和稳定的空白基础,有利于提高感光版和印版的分辨力。

砂目过粗,涂布感光液时易产生涂层厚而不匀和起泡现象,引起晒版时曝光困难、小网点丢失、图文深浅不稳定等故障,使印版的分辨力与网点再现性降低,同时在印刷过程中需要使用较多的润版液,加剧了纸张吸水伸胀和油墨乳化,使套印性能与印迹色泽变差。

砂目过细,吸附能力减弱,不利于建立稳定而耐磨的图文基础和空白基础,易产生脱膜和上脏等故障。

版基粗化质量的检查方法主要有以下两种:

一是目测法。目测法是通过人眼直接检查版基表面外观状态并借助放大镜观察砂目形态,依此结果对砂目的粗细度、方向性和均匀度等特征作出定性判断。其标准和要求是:整个版基表面在斜射光下发乌,无明显光泽,砂目形成"粗而不毛、细而不光、匀而不浅",没有明显的方向性。

二是测量法。测量法是采用一定的仪器对版基粗化状态进行定量测定的一种检验方法,准确性较高。常用的测量仪器主要有高倍显微镜和触针式粗糙度计等。

高倍显微镜用于测量砂目的深度,其方法是调节对焦手轮,分别对准砂目的峰顶和谷底,两点的测量读数之差即为所测砂目的深度值,多点测量值的平均值即为砂目平均深度值。

触针式粗糙度计用于测绘砂目的轮廓形状,并换算出描述砂目形状的三个特性参数:平均粗糙(细)度 Ra、平均粗糙深度 Rz、最大粗糙深度 Rm。实际生产中主要控制平均粗糙度 Ra 和平均粗糙深度 Rz 两个指标,具体标准值如表 4-2 所示。

表 4-2 版基粗化标准

	铝板	
	电解	刷磨
$Ra(\mu m)$	0.65±0.1	0.45±0.05
$Rz(\mu m)$	6.0±1.5	1.8±0.2

☞ 2. 铝版基的氧化处理

由于金属铝板的质地脆软,化学性质活泼,耐磨性、稳定性较差,特别是经过粗化处理后,表面层遭到破坏,耐蚀性和稳定性进一步变差,不能适应正常印刷的要求。因此铝版基在粗化之后还要进行氧化处理,在砂目表面上生成一层均匀的氧化物保护膜。

铝版基的氧化处理采用电化学方式,在直流电解槽中,以铝板作为阳极,在酸性电解液作用下,将铝氧化为三氧化二铝,故又称为阳极氧化。

试验分析证明:阳极氧化形成的保护膜是一种结构紧密、有一定排列方向的针孔结构的氧化铝晶体膜,厚度一般控制在 $2 \sim 4\mu m$,膜重约 $2 \sim 3g/m^2$,其微观结构如图 4 – 5 所示。

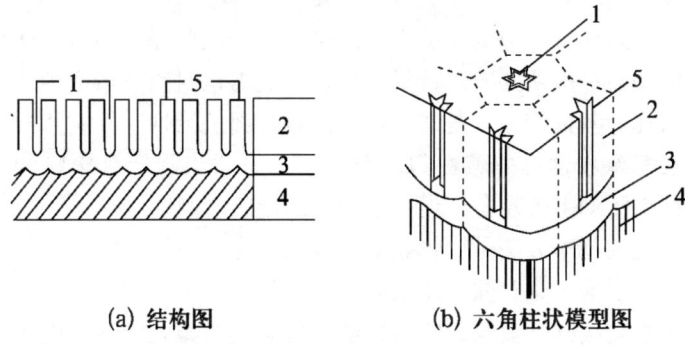

(a) 结构图　　　　(b) 六角柱状模型图

图 4 – 5　阳极氧化膜结构示意图
1—微孔;2—多孔层;3—阻挡层;4—铝版基;5—孔壁单元体

氧化膜具有耐磨蚀、硬度高和多孔性等特征。它屏蔽了铝的活性,使铝版基表面钝化,稳定性、耐磨性、吸附性和亲水保水性等显著增强,如表 4 – 3 所示。

表4-3 铝版基阳极氧化前后效果比较

	氧化前	氧化后
板面成分	金属铝晶体(Al)	三氧化二铝膜(Al_2O_3)
显微硬度(kg/mm^2)	3040	1200~1500
熔点(℃)	660	2050
结构	致密	多孔
孔隙密度	0	150~800个/平方毫米
吸附性	弱	强
化学性能	活泼,能与酸碱等物质发生反应	钝化,具有较强的耐酸性

☞ 3. 铝版基的封孔处理

经过阳极氧化处理的铝板,其表面的氧化膜具有很高的孔隙率和极强的吸附能力,若在这样的板面上直接涂布感光液和晒版,极易产生显影困难和印刷时版面上脏等故障。因此经过阳极氧化处理的铝版基,一般还要再进行封孔处理,适当地封闭或堵塞掉部分氧化膜微孔。其目的:一是进一步降低版基面的活性,并利用封孔膜层增强其亲水性、耐碱性和耐磨性;二是适当降低氧化膜的孔隙率,减少吸油上脏现象,提高铝版基的制版印刷适性。

封孔的基本方法是:将铝版基放入温度为90℃左右的5%硅酸钠溶液中浸泡一定时间,使三氧化二铝晶体水合膨胀,或在微孔中吸附沉积一层硅酸盐胶体物质,最终使氧化膜微孔的孔径缩小或被封堵掉,如图4-6所示。

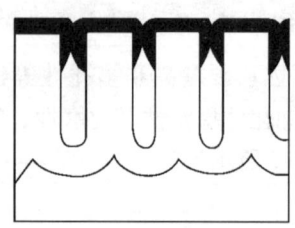

图4-6 封孔原理示意图

(三) 版材质量检查

版材是制取感光版、晒制即涂版的基本材料,把好版材质量关,是提高印版质量的重要措施和基本保证。

(1) 检查版材外观是否平整均匀,有无破边、折痕、划痕现象,并用千分尺在距边缘不小于 10cm 处多点测量版材厚度,计算各点的厚度误差值。

(2) 检查版材表面是否干净,有无氧化腐蚀斑点和着尘吸脏现象。

(3) 通过放大镜观察版基表面砂目的深浅、粗细和均匀度,检查砂目是否有明显的方向性和不均匀现象。

二、PS 版的结构

PS 版的结构如图 4-7 所示,分别有铝版基支持体、砂目结构、阳极氧化层、亲水层、感光膜层、毛面颗粒层组成。

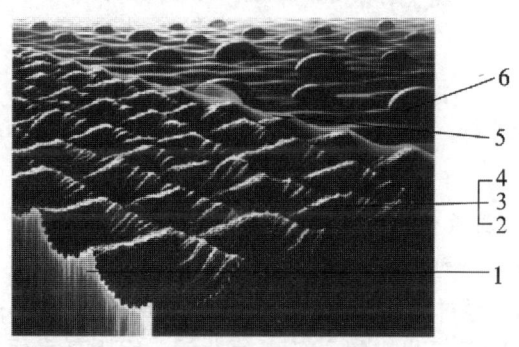

图 4-7 PS 版的结构图

1—铝版基支持体;2—砂目结构;3—阳极氧化层;4—亲水层;
5—感光膜层;6—毛面颗粒层

☞ 1. 铝版基支持体

铝金属版基,通常有 0.25mm、0.15mm 两种厚度,其性质是尺寸稳定、强度高、纯度高(≥99.5%)。

2. 砂目结构

现在一般都采用电解粗化工艺，使铝版基表面形成精细的砂目结构，使 PS 版具有理想的网点再现条件和良好亲水性。砂目的深度 Rz 大约为 $2\sim8\mu m$，500 个/平方毫米砂目，如图 4-8。

图 4-8 铝版基表面的微观图

3. 阳极氧化层

铝本身的硬度较低，稳定性较差，所以电解后还必须要进行阳极氧化处理，经过氧化处理在砂目表面形成一层约 $0.3\mu m$ 厚表层，它的组份是 80% 氧化铝和 20% 氢氧化铝，铝版基表面经过阳极氧化处理后硬度增高，化学稳定性增加，耐磨性增强，吸附性和亲水保水性等显著增强。

4. 亲水层

可防止感光涂层残留在阳极氧化层的微孔中，提高版材亲水性能，防止印刷过程中上脏。一般通过对版面进行封孔处理而形成。

5. 感光涂层

感光涂层是将感光液涂布在版基上经过结膜干燥形成的物质

层,其主要成分有感光剂、成膜剂、辅助剂三部分。感光剂是感光层中的主剂,是发生光化学反应的物质。常用的有重氮类光敏树脂、重铬酸盐类化合物等。其中重氮类主要是以重氮萘醌磺酸酯类光敏树脂为主,其结构式如下:

  2,1,5 型 2,1,4 型 1,2,4 型 1,2,5 型

式中的 R 为大分子链(树脂),导入不同 R 会对感光剂的感光性能、成膜性能及亲油性能等产生不同的影响。这是目前各预涂感光版制造厂家生产的感光版的主要区别之一。较常用的大分子链有聚苯酚树脂、间甲酚醛树脂及其改性系物等。

  2,1,5 型和 2,1,4 型感光剂与 1,2,4 型和 1,2,5 型感光剂相比具有感光速度快、制版质量好、性能稳定、保存时间长等优点,是目前制造阳图型预涂感光版主要使用的一类感光剂。而重铬酸盐类感光剂由于存在暗反应特性,不能预涂只能制作即涂型感光版,同时还由于其存在铬污染等,目前已基本被淘汰。

  成膜剂是感光剂的连接体,具有粘结、成膜、亲油等功能。多选用具有亲水可逆性和耐磨性、亲油性能强的一类高分子物质。辅助剂是为了调节感光液的涂布加工性能和感光成像性能等而加入的一些微量物质,它们包括:提高感光速度和增大感光范围的增感剂;降低感光层脆性,提高其韧性和耐冲击、耐磨性的增塑剂;提高感光层稳定性,防止其变形老化,延长感光版保存期限的稳定剂;降低感光液的表面张力,提高其润湿吸附能力和涂布均匀性的润湿剂。另外还有增大版面曝光前后颜色反差的阻光染料等。

 ☞ 6. 毛面颗粒

  毛面颗粒为优良版材所必备,它可提高与晒版胶片的密着性,缩短抽真空时间,减少光晕现象发生。

三、PS 版的分类

PS 版根据其感光层的光化学反应的特性不同可分为以下两种。

☞ 1. 阳图型 PS 版

用阳图分色片进行晒版的 PS 版，其感光膜在紫外线照射下产生光分解反应，印版上的图像反差和分色片上的相同，如图 4-9 所示。

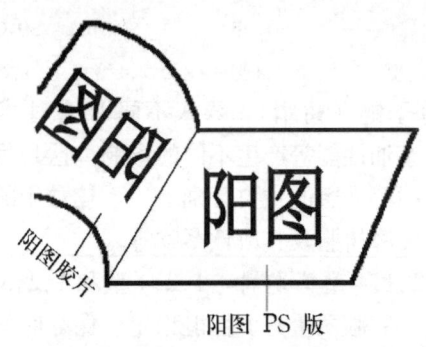

图 4-9　阳图 PS 版成像原理图

☞ 2. 阴图型 PS 版

用阴图分色片进行晒版的 PS 版，其感光膜在紫外线照射下产生光聚合或者光交联反应，印版上的图像反差和分色片上的相反，如图 4-10 所示。

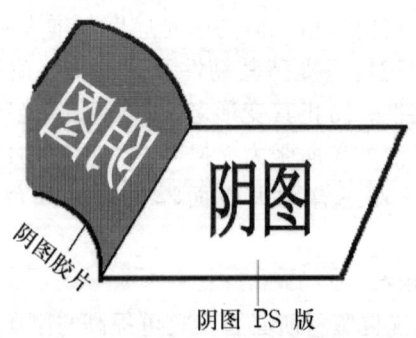

图 4-10　阴图 PS 版成像原理图

各种感光版的构成特征如表 4-4 所示。

表 4-4　各种感光版构成特征

种类	版基	感光剂	成膜剂	光化形式
阳图 PS 版	铝板	重氮萘醌类感光树脂	线型酚醛树脂	光致可溶
阴图 PS 版	铝板	叠氮类感光树脂		光致不溶

四、PS 版的主要性能指标

衡量一种感光版的性能特征与质量状态的主要指标有以下几个方面：

（1）表面粗糙度：$0.40 \leqslant Ra \leqslant 0.90$（μm）。

（2）版基面氧化层质量：$1.50 \sim 3.50$（g/m^2）

（3）涂层厚度：一般直接用长度单位 μm 表示，例如 $1.5 \sim 2\mu m$；或者用单位面积上的涂层含量 g/m^2 表示，如 $1.60 \sim 2.50$（g/m^2）。涂层厚，晒版时一是需用的曝光量大，二是网点变化量大。

（4）分辨力：分辨力是指感光版能够分辨再现出细小网线的能力，以单位长度内能够分辨出的线条数量或单位面积内能够分辨出的网点数量表示。也可以用再现出的最小网点面积率表示。感光版分辨力的高低主要与感光剂种类、版基粗化状态、涂层厚度及显影条件等因素有关。一般分辨力：$\leqslant 10.0$（μm）。

（5）网点再现范围：要求 2%～98% 的网点能够齐全。

（6）版基底色密度：$\leqslant 0.03$。

（7）感光度：$\leqslant 300$（mJ/cm^2）即感光的难易程度，用达到一定光化程度时所需的曝光量大小表示。实际中还可以用一定功率的光源在给定距离下的曝光时间来间接反映，例如某种型号的阳图型预涂感光版用 2kW 碘镓灯晒版，在灯距 120cm 时曝光时间为 $50 \sim 80s$。

（8）显影特性：主要指感光版所用的显影液类型、浓度与显影的温度、时间、宽容度等。

（9）留膜率：$\geqslant 90\%$。

（10）印版厚度：$0.15 \sim 0.40mm$（厚度偏差 $\leqslant 0.01mm$）。

(11) 印版尺寸：符合 GB/T 17155 - 1997 的规定。

印版宽度：平行于滚筒轴线的印版边的尺寸（紧固边）。

印版长度：与印版宽垂直的边的尺寸（沿滚筒圆周的边）。

印版厚度：涂布好的印版的标定厚度。

表4-5 给出的印版长与宽的尺寸极限偏差是基于完美的矩形印版的。图4-11 给出了一块印版的标准尺寸（实线）及符合正负极限偏差的矩形（虚线）。带有垂直偏差的印版的实际形状应完全覆盖住图4-11 中那较小的矩形，并且不能超出那较大的矩形。印版厚度规格如表4-6 所示。

表4-5 印版长度和宽度规格

印版		规格之间相隔尺寸(mm)	末尾数字	极限偏差
单张纸胶印机用版	宽度	<1000	5	0 或 5	±1.0
		1000~1500	5	0 或 5	±1.5
		>1500	5	0 或 5	±2.0
	长度		5	0 或 5	±2.0
卷筒纸胶印机用版	宽度		5	0 或 5	±0.8
	长度		2	0 或 2,4,6,8	±1.09

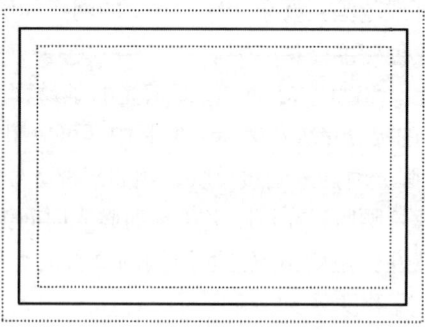

图4-11 PS版偏差图解

表4-6 印版厚度规格

推荐厚度(mm)	范围(mm)	极限偏差(mm)
0.15	0.15~0.20	±0.010
0.25,0.28,0.30	0.25~0.30	±0.010~0.015
0.40,0.50	0.40~0.50	±0.01~0.03

（12）耐印力：未经处理的阳图型PS版的耐印力应能达到8万印以上。其实，影响印版耐印力的因素很多，主要有：PS版本身感光膜附着力；晒版时分色片实地密度；印刷压力；纸张含杂质（砂粒）量；润版液pH值（润版液的pH值应在4.8~5.5之间，水的硬度应为8~12）。

第二节 晒版环境与晒版设备

一、晒版环境

在整个晒版加工处理过程中，环境照明应采用黄色安全灯。在晒版过程中和晒版后，注意避免版面直接曝露于太阳光和普通日光灯下，否则将会引起印版表面图文部分出现不该有的曝光，降低印版的耐印力。理想的晒版环境是：

（1）晒版操作室置黄色照明灯并挂黄色窗帘，以遮避自然光，如图4-12所示。

（2）保持晒版工作间清洁，尽量减少晒版工作间浮尘量，否则会影响晒版质量。

（3）保持晒版机晒版玻璃的清洁，经常用干净的软布和玻璃清洗剂清洗晒版玻璃，以除掉晒版玻璃上的脏点，否则会影响晒版质量。

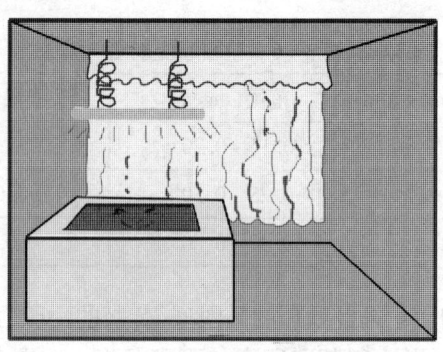

图4-12　晒版操作间

（4）保持晒版胶片清洁，尽量减少晒版胶片上的脏点，否则会影响晒版质量。脏点会使阳图PS版产生光晕和上脏，会使阴图PS版产生光晕和丢失图文影像。环境卫生对晒版质量的影响如图4-13所示。

（5）感光版材、原版、印版及各种药品、量器具等保存、摆放

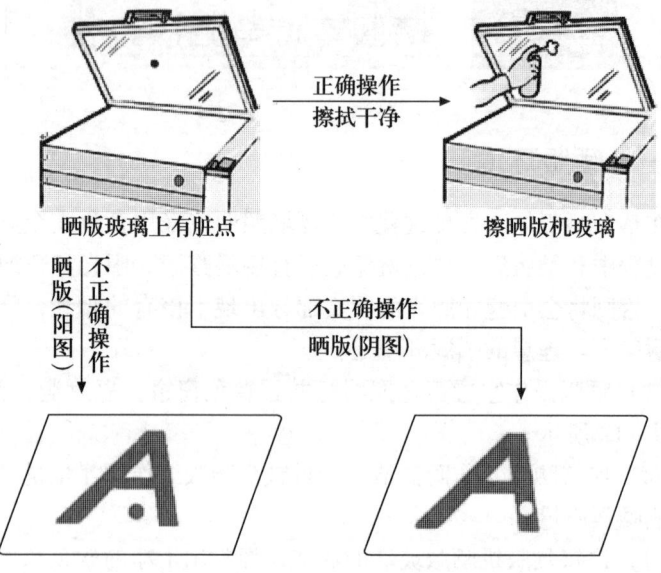

图4-13　环境卫生对晒版质量的影响

整齐合理、安全、使用方便。

二、晒版设备

晒版设备是指直接用于晒版工序对印版进行加工处理的一系列机器设备。晒版设备有平晒机、连晒机、自动拼版连晒机。连晒机、自动拼版连晒机现在已不多见,采用的企业也很少,它们的功能已由计算机取代。此外,常用的晒版设备还包括显影机和烤版机等。

晒版设备与其他印刷机械设备相比,具有以下三个显著特点:一是外型小巧轻便;二是机械结构简单,但自动化程度较高;三是工作过程是以光学或化学方式为主,大多数不需传递机械力。在学习时应以掌握其工作原理和使用方法为主,在实际生产工作中应注意爱护和保养晒版设备。

(一)晒版机

晒版机是用于制作印版的一种接触曝光成像设备。它与原照相制版过程采用的制版照相机、拷贝机等同类型的平面曝光成像设备相比,具有以下三个显著特点:一是使用硬质的金属体感光版;二是使用大功率的冷色光源,在明室下操作;三是原版与感光材料紧密吸附、原大成像。

☞ 1. 晒版机的基本构成

晒版机的类型比较多,但其基本的组成结构都大致相同,主要由机架、晒腔、抽气装置和光源装置4大部分构成。

(1)机架。

机架是用来支撑晒框和光源装置的机构,其结构形式有箱式和柱式两类。依此可把晒版机相应地分为箱式晒版机和立柱式晒版机两类。

(2)晒腔。

晒腔是用来夹放原版与感光版的夹版装置,由盖板玻璃和下晒框两部分构成。

盖板玻璃为晒版曝光面,由框架和玻璃构成。晒版时光源发出的光线透过盖板玻璃到达感光版上进行曝光。因此要求晒框玻璃必须使用双面磨光的10mm厚的平板玻璃,表面洗净、无气泡、无划痕，透光性能良好，并具有一定的耐压强度。

下晒框为装版工作台，由托版架和带密封圈的橡皮垫构成。

盖板玻璃为可开启的活动框，又称盖框，它通过连接及锁紧机构与下晒框组成一个密闭腔体，其开启方式有平行升降式和揭翻式等。其中升降式主要用在老式的双立柱晒版机上，它通过手摇或电动链轮机构带动盖框起落；揭翻式在目前应用较为广泛，特别是设置了气压涨簧省力机构，使盖框可开启于任一角度。

晒框应具备如下的性能特征：密封性能良好；锁紧可靠，操作方便，灵活省力；夹版稳定，不会影响原版与感光版的定位或损伤版材。

(3) 抽气装置。

抽气装置的作用是抽出晒框腔体内的空气，使之成为真空低压状态。一般由气泵、真空气压表、压力调节阀等组成。

气泵分为活塞往复式和叶片旋转式两种类型。活塞往复式气泵是由曲轴连杆机构带动活塞在气缸内往复运动，利用气室内气压的增减，自动使排、抽气阀的开关工作。这种气泵属间歇式抽气方式，噪声大，需向活塞加油润滑，有漏油污染等缺陷。叶片旋转式气泵是利用偏心转子转动时，从小半径到达大半径时气室内产生的负压完成抽气的，其结构原理如图 4-14 所示。叶片旋转式气泵运

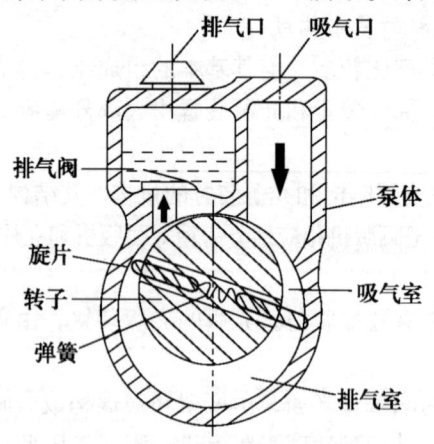

图 4-14 气泵结构与原理示意图

转平稳,抽气连续,噪声小,不需日常的加油保养,是目前比较广泛使用的一种气泵。

真空气压表是用来计量和指示晒框腔体内真空程度的,一般采用电接点式气压表。抽气时根据其指示数据判断原版与感光版间的紧密吸附程度,并通过调压阀进行调节。

抽气装置通过胶皮管与晒框连接形成抽气回路,当气泵工作时晒框腔体内形成真空低压,在大气压力作用下,下晒框的橡皮垫把感光版和原版向上晒框的玻璃压紧固定,保证其紧密接触和均匀曝光,如图4-15所示。

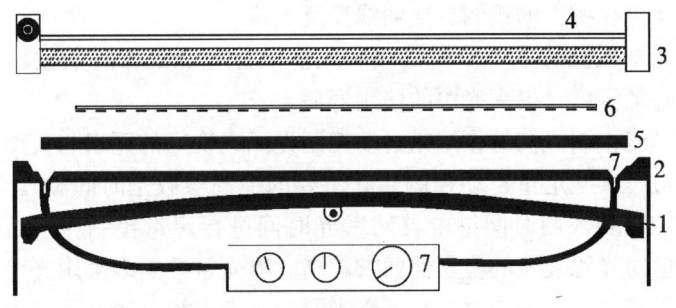

图4-15 晒版腔体结构示意图
1—弹性钢支架;2—橡皮垫;3—盖板玻璃;4—二次曝光装置;
5—感光版;6—原版;7—真空装置

新型晒版机为了改善抽气效果,常采取如下措施或改进方法:一是在光滑橡皮垫上衬铺一层毛毡垫;二是采用带沟槽或小颗粒表面的橡皮垫;三是把抽气嘴由晒框的边角移到中心位置,使抽气从中间向四周进行,避免边角位置抽气时出现的中心气包层现象。

(4)光源装置。

晒版机的光源装置是为晒版提供能量,并与晒框等共同构成曝光系统的装置。一般由光源、光源架和曝光控制机构等组成。

晒版光源多使用气体放电类,按其发光面形态可分为点光源、线光源和面光源三类。其中点光源的散射光线少，使用方便，是目前晒版机上较多使用的光源类型。

光源架包括支架、反光罩和冷却风机等。光源支架有吊式和落地式两种，吊式光源架与立柱式机架配合使用，组成光源上置式晒版机，光源由上向下垂直照射晒版，其灯距一般可调，适应性强；落地式光源架主要是与箱式机架配合使用，组成光源内置式晒版机，其稳定性好，灯距大多固定且较小，因此常采用反射板等匀光机构提高光照匀度。

反光罩的作用是充分提高光能的利用率，缩短曝光时间，常用的多属电化抛光的铝制二次曲线型反光罩。

冷却风机的主要作用是吸收或扩散掉光源工作时散发出的热量，降低温度，提高光源的使用寿命。

曝光控制机构的作用是自动控制光源或快门的开启与关闭，对曝光过程实施定量自动控制。其主要的控制参数是时间和曝光量，时间控制多采用时间继电器对曝光时间进行定量控制。其结构简单，但对光源发光的稳定性要求较高。曝光量控制多采用光量计算仪和微机进行定量控制，它不受光源发光衰退和电网电压波动的影响，准确度高，效果好。

☞ 2. 晒版机的基本类型

生产中使用的晒版机多种多样，有按晒版幅面分类的，如全张机、对开机等；有按晒版面数分类的，如单面机、双面机等；还有按所用光源类型分类的，如碘镓灯晒版机等。这里仅就几种具有代表性的常用机型进行介绍。

（1）单面晒版机。

单面晒版机的基本特征是只有一个晒腔和一个晒版面，晒制完前一块版后方可晒制第二块版。机架多为单立柱或双立柱式，晒框与地面平行（水平式）或垂直（垂直式）。

光源为吊式向下打光或落地式水平打光方式，灯距可调，曝光匀度高。可做成任意规格的机型，多为全张机或对开机等大规格机型，其外形如图 4-16 所示。其中光源上置式机型大多备有遮光快门装置，防紫外线遮光帘装置，二次曝光装置，以及存放原版的贮物盒等，被称为基本型或标准型。它具有结构简单，操作方便，经济实用，适用性强等特点。常用的单面晒版机主要技术性能指标见表4-7所示。

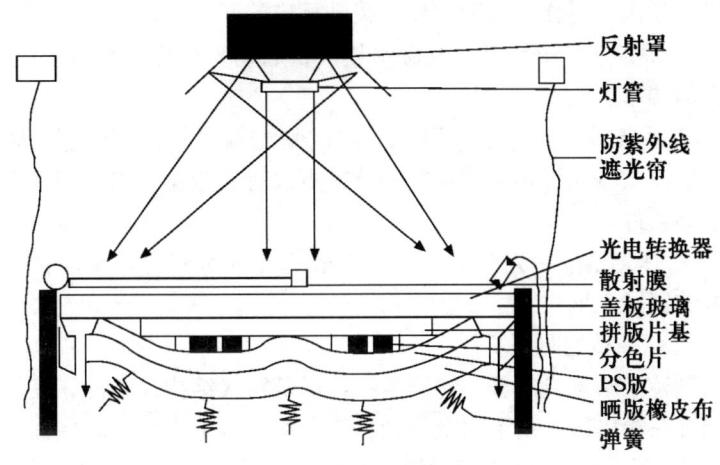

图4-16 单面晒版机外形示意图

表4-7 单面晒版机技术性能指标

型号		SBY 920	SBK-I 1030
晒版面积		920mm×760mm	1030mm×820mm
光源	类型	碘镓灯	快启动碘镓灯
	功率	2kW	3kW
抽气速度		60L/min	
真空范围		0~-86.6kPa	0~-86.6kPa
外形尺寸	长	1670mm	1280mm
	宽	1280mm	1140mm
	高	2780mm	2400mm
制造厂家		泰兴仪器厂	曲阜师大自动化所

单面晒版机是平版晒版中的代表机型,熟悉并掌握其操作要点,对于安全、高效、优质晒版具有重要意义。单面晒版机的操作要点如下:

① 单面晒版机多具有手动、自动两种操作方式和程序,因此首先必须选择操作方式和程序,拨动相应的开关。

② 提前 3~5min 开启光源预热(快启动光源除外),使其达到额定的功率。

③ 预先设置抽气、主曝光、二次曝光等自动控制数据,晒框闭合后以及曝光过程中均不宜调节或更改有关数据,以防损坏有关的控制器件。

④ 曝光结束后先放气,待真空表指针读数到达零位时再打开晒框的锁紧手柄。

(2) 翻转型晒版机。

翻转型晒版机的基本特征是:外形呈箱式结构,光源、气泵等均配置在箱体内,由下向上打光;双层晒框有上下两个晒版面,且可在箱体内沿水平轴做 180°的上下翻转,其外形如图 4-17 所示。

翻转型晒版机又称回转型或双面晒版机,当朝向箱体内光源一

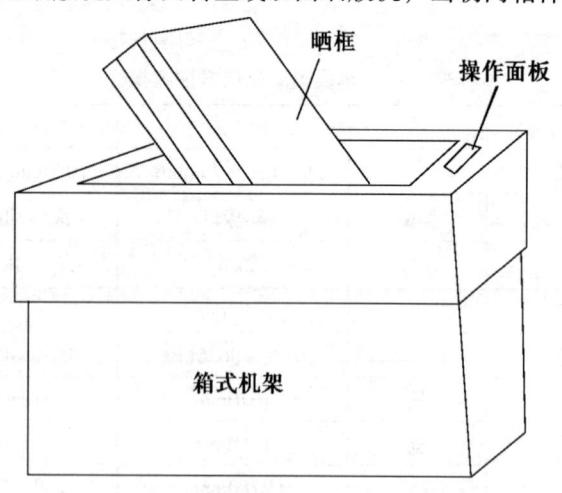

图 4-17　翻转型晒版机外形示意图

侧的晒框面曝光时,朝上一面的晒框可进行装版等准备工作,待下面晒框曝光结束时翻转晒框,使上面转到下面连续曝光。因此这类晒版机的装版准备和曝光可同时交替运行,工作效率高,封闭遮光性能好,紫外线对人体辐射少,结构紧凑,适用于晒版量较大的单位。其不足之处是灯距短而固定,特别是全张机型的光匀度低,箱体大,装版台面高,操作不便。因此这类机型的有些新机器采用了特殊的反光匀光装置来提高曝光的均匀度。常用的翻转型晒版机的主要技术性能指标见表4-8所列,其操作要求有以下几点:

① 装版后应先抽气再翻转,并且应按逆时针方向翻转。
② 曝光过程中不宜调节控制电器。
③ 曝光结束应先将晒框翻转到水平位置,并将定位销锁好,方能松开晒框锁紧手柄取版。

表4-8 翻转型晒版机主要技术性能指标

型号		SBF 1000	SBF 1300	SBF 700
晒版面积		1000mm×800mm	1300mm×1100mm	700mm×600mm
光源	类型	碘镓灯	碘镓灯	碘镓灯
	功率	3kW	3kW	1kW
气泵		旋片式		
真空度		600mmHg	600mmHg	600mmHg
外形尺寸	长	1480mm	1780mm	1240mm
	宽	1220mm	1470mm	900mm
	高	1100mm	1200mm	900mm
制造厂家		泰兴仪器厂	重庆印机厂	泰兴印机厂

☞3. 晒版机的维护保养

晒版机的主要工作部件是晒框、光源和抽气系统三部分,在日常工作中应重点做好这三部分的维护保养工作。

(1) 经常用干净柔软的脱脂棉、纱布或海绵擦拭光源、反光罩及晒框玻璃，必要时蘸酒精擦，保持其清洁，防止晒版时产生脏斑和砂眼。特别是灯管上不能有油渍和指印，以免因高温形成不透明斑渍，影响发光匀度。

（2）启、闭晒框时，动作要轻稳，避免原版游动，防止碰伤晒框和玻璃。

（3）启动晒版光源时动作要轻，时间要短暂，不可长时间触发。

（4）使用不能频开的普通碘镓灯类光源时，应按规定间隔的时间启动，当间歇曝光较频繁时，可采用快门或遮光装置。

（5）光源在点燃或刚熄灭时，应保证良好的通风和散热条件，并应避免震动。要求水平使用的灯管不能倾斜。

（6）每周用甘油擦拭（滋润）一次晒框的橡皮密封圈（垫）。

（7）不工作时不要锁扣晒框，使晒框密封圈能有效恢复原形，保证其密封性能。

（8）每月检查一次气路系统，不能有管道连接不良、堵塞不通或漏气现象。

（9）节假日或长时间不工作时，应用防护罩遮盖，防止粉尘、异物等污损设备。

（10）创造并保持良好的通风与温湿度等环境条件，避免出现锈蚀、老化现象。

晒版机是晒版过程中的关键设备，不仅要做好日常的保养维护工作，而且还应随时按标准（表4-9）检查其工作性能，及时排除不正常现象，使其始终处于最佳的工作状态。具体的规范标准是：

（1）工作面上的照射均匀度不得小于85%。

（2）重复曝光时间误差不超过±1.5%。

（3）工作过程中原版与感光版之间保持完全接触状态。真空系统能在1min内获得600mmHg（80kPa）的真空度，并能在0~650mmHg（86.6kPa）范围内进行有效调节，关闭气路5min后真空度不得降低150mmHg。放气时间不超过2s。

(4) 晒框玻璃双面平整均匀，无划痕、无气泡，符合 JG40—62 窗用平板玻璃中一级玻璃的要求。工作中温度升高不超过 20℃。

(5) 在电源电压波动 ±10% 的情况下，机器能够正常工作。

(6) 遮光保护装置齐备，能有效保障操作人员的健康和安全。

表 4-9 晒版机国家级质量标准

指标	国家一级	国家二级
抽气速度	一分钟达到 600mmHg	
光照均匀度(%)	88	85
玻璃温度(℃)	≤18	≤20
重复曝光时间精度(%)	≤1.5	≤3
自动化程度	自控、有自动光量计	计时曝光
安全性	自动遮光	具有遮光装置
噪声 dB(A)	≤70	≤70
产品综合精度保持性(年)	4	3
手柄操作力(N)	68.64	68.64

（二）显影机

PS 版经曝光后，必须使用化学溶液作显影液除去非图文部分的感光胶层，留下图文部分的感光层，这个工艺过程就是 PS 版的显影。显影机就是供 PS 版自动显影处理用的，显影机的使用，提高和稳定了晒版质量，提高了工效，降低了劳动强度。在目前已成为平版制版过程中的标准配置设备。

显影机主要有浸槽式和喷淋/毛刷式两种，如图 4-18 是喷淋/毛刷式显影机的结构图，它由输版台、显影部分、水洗部分、上胶部分、干燥部分及修版后印版入口等部分组成。同时在显影部分，还包括液温控制装置、溶液循环装置、溶液过滤及自动补液装置等。

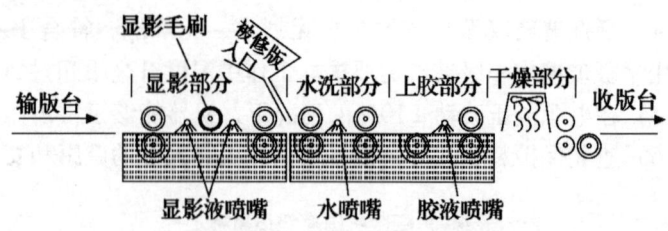

图 4-18 喷淋/毛刷式显影机的结构图

☞ 1. PS 版显影机的基本性能

PS 版显影机的基本性能主要包括：结构类型与用途，处理版材的规格范围，显影温度、速度及显影机中显影液循环、补充的控制方式与调节范围，设备的外形尺寸与使用要求等。常用的 PS 版显影机的技术性能参数见表 4-10 所列。

表 4-10 常用 PS 版显影机的主要性能参数

机型		XTYW 760	XTYW 1120
版材规格	长	≥300mm	≥300mm
	宽	787mm	1120mm
	厚	0.15～0.5mm	0.15～0.5mm
显影方式		喷淋/刷磨	
速度调控	方式	可控硅无级变速	
	范围	300～1300mm/min	400～1500mm/min
温度调控	方式	600w 不锈钢电热管	
	范围	20～40℃	
显影槽容量		25L	
水洗	用量	15L/min	
	水压	7.85×10^4 Pa	
外形尺寸(mm)		3060×1010×1200	
制造厂家		泰兴仪器厂	

2. 显影机的操作要点

显影机的自动化程度高，整个工作过程采用程序控制，因此开机前的准备工作和关机后的结束工作成为其操作的重点内容，并且成为机器能否正常工作的主要影响因素。

（1）清洗。

先关闭各个液路的回收阀，打开排水阀，然后打开显影、水洗、涂胶三室的盖板，对各室的每一部位、部件等进行一次全面清洗。

（2）投放显影液。

首先应检查和关好显影槽底部的排放回收阀，然后按规定将显影液注入显影液槽和补充箱内，并再次检查液面是否在正常工作位置。无足够液量不得开机，严禁无液开泵和开加热管。

（3）设定各工作参数。

① 显影速度的设定。依据版材的标准显影时间和生产经验确定一合适的显影速度，然后将操作面板上的无级变速旋钮转动到相应的刻度位置处。

显影速度 = 显影（箱）长度÷显影时间

② 显影、烘干温度的设定。显影与烘干温度一般都是根据经验直接调节前后电器箱的温控仪，正常情况下可恒定显影温度在23℃、烘干温度在70℃左右为宜。

③ 输版时间的设定。根据显影速度和版材的总运行长度调节前端电器箱内的时间继电器，充分、合理地利用自动停机功能。

（4）调节各机件的工作状态。

① 显影液喷放量的调节。显影液的喷放量小，易造成显影不彻底和不均匀现象，相反喷放量大又易加剧显影液的氧化失效。因此应根据显影状况和喷液管的喷液压力大小，调节阀门直至最佳状态。

② 显影液喷洒角度的调节。喷液孔的方向应对准喷管架的底角方向，这样可使显影液呈流布状态淋洒向运行着的版材面上。

③ 显影刷辊压力的调节。根据刷辊使用程度和版材类型经常检查和调节刷辊两端关节轴承的支撑高度，使刷辊与版面间的压力

大小取得最佳的显影效果。

④涂胶量的调节。根据版面涂胶层的厚度，用螺丝刀和扳手先松开蠕动泵下端微量调节螺丝的紧固螺栓，然后调节流量螺丝：向紧固方向调，偏心加大，流量加大；反之流量减少。调好后将螺丝紧固。

(5) 各准备工作完成后，进行正常显影操作。

① 接通电源，预热机器。

② 到达预设温度后，仪表上红色指示灯亮，即可输入版材显影，输入版材时严禁歪斜，防止版材卡死在机内。

③ 工作过程中若有异常现象，应立即停机检查。

(6) 结束操作。工作结束和每天下班时，应按下述程序进行停机操作：

① 关闭主供水阀门。

② 关掉控制面板上的开关锁。

③ 按下电器箱侧面的"分"按钮。

④ 关掉外接电源。

⑤ 清洗机内刷辊、胶辊等有关零部件。

⑥ 排放脏水，关闭排放阀门。

☞ 3. PS版显影机的维修与保养

为了使显影机能够充分发挥所有的功能，始终保持在最佳的工作状态，必须做好日常维修与保养工作。

(1) 检查和清洗胶辊和刷辊。

(2) 检查各箱体和管道接头的密闭状态，若有泄漏现象，应立即使用环氧树脂胶修补或紧固。

(3) 检查各液体喷管和过渡器具的孔眼是否畅通，及时清除堵塞物。

(4) 检查各驱动与传动部位是否工作正常，有无缺油、过热和异常现象。

(5) 定期清洗显影箱、涂胶装置和烘干胶辊，必须每班清洗一次。

(6) 每月检查一次各链传动的松紧程度，并对其和刷辊轴承加油一次。

(三) PS 版烤版机

PS 版烤版机是一种对阳图型 PS 版进行高温烘烤处理的机械设备。它的作用就是通过高温烘烤，引起 PS 版的图文基础发生热化学反应，使 PS 版的稳定性、耐蚀性和机械强度增强，耐印力提高，达到减少晒版和印刷换版次数、提高工效、降低成本的目的。

☞ 1. PS 版烤版机的基本结构组成

PS 版烤版机主要有立式和卧式两种机型，立式机占地面积小，多为封闭型烤箱，手动输送印版，烤版时间长，热平衡及稳定性能较差；卧式机的版材进出口为开启式结构，采用程序控制，自动化程度高，连续烘烤效率高，是目前的标准机型，它由机架、烤箱、传送装置、电器控制系统等组成，如图 4-19 所示。

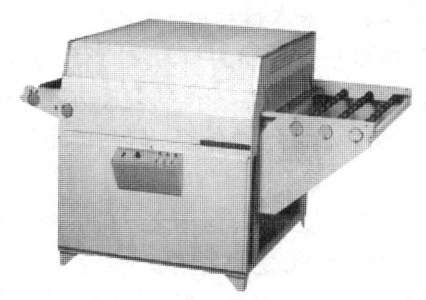

图 4-19 烤版机示意图

（1）机架。

机架是整机的支撑部件，由钢板压型后焊接而成，其上部安装烘烤装置和印版传送装置，前侧安装电器箱，底部装有 4 只地脚，用于调节整机的高度和水平度。

（2）烘烤装置。

烘烤装置是烤版机工作的核心装置，由烤箱体和加热元件构成。箱体是密封、保温体，由铝板折弯制成，夹层或内层用导热系数小、保温性能强的硅酸铝纤维毡类耐火材料包衬，并在版材进出口处采用聚四氟乙烯薄膜遮挡，减少热量的辐散流失。加热源多采用由数根远红外石英玻璃加热管平行排列构成的面加热源，以收到快速、均匀的烤版效果。

(3) 传送装置。

传送装置的作用是自动将印版输入烤箱烘烤后又自动输出。它由直流电机、链传动装置、输入胶辊、不锈钢丝网传送带、输出胶辊等组成。印版在整个传递过程中由操作面板通过电器系统控制,无级调速、按序进行传送。

(4) 电器控制系统。

PS版烤版机的电器控制系统主要由调压器、热电耦测温计、温控仪等组成。其作用是自动控制烘烤温度的高低,控制加热管加热达到预定温度时,工作指示信号灯亮,控制传送装置工作,同时将加热管转换为半功率工作状态,保持恒温烤版。

☞ 2. PS版烤版机的基本性能指标

衡量PS版烤版机技术性能的指标主要有:烤版机的升温、保温性能,烤版规格,烤版温度、速度的调控方式与范围,机器外形尺寸等。一台好的烤版机除结构合理、轻巧耐用外,必须具备以下性能特征:

(1) 烘烤温度调节范围与印版图文基础的固化温度相匹配,一般情况下应能在130～250℃之间可调。

(2) 具有良好的升温、恒温、保温性能,确保印版均匀、稳定地受热固化。

(3) 具有较精确的速度调控或时间调控功能。

表4-11 常用PS版烤版机基本性能指标

机　型	KYHW 760	KYHW 1120
烘道有效截面(mm)	850×140	1250×140
保温时间	2h	2h
烤箱表温	<70℃	<70℃
烤版时间	2.5~7min	2.5~7min
消耗功率	8.5kW	11.5kW
外形尺寸(mm)	2590×1100×1200	3396×1500×1200
生产厂家	泰兴仪器厂	

3. 烤版机的基本操作方法与要点

（1）接通总电源开关。

（2）根据版材特性调节烤版温度（一般约230℃）和输版速度。

（3）打开传动开关，使传送带运转。

（4）打开加热开关，提前使烤箱预热升温。

（5）当烤箱内温度达到预设值时，工作指示灯亮，即可将冲洗好的阳图型PS版版面向上放置到输版台上输入进行烘烤。

（6）烤版结束后，先关闭加热开关，空运行10min后再关闭总电源开关。

（四）辅助设备

（1）打孔机。

如图4-20，它是印刷定位系统的主要设备，通过它可以产生拼版、晒版及印刷的定位孔和定位口。不同的印刷机都有自己相对应的打孔机和定位条。

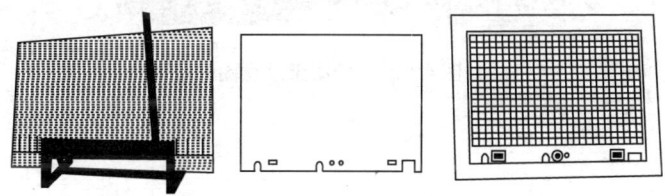

图4-20　打孔机示意图

（2）修版架。

如图4-21，修版架是带有可移动放大镜及照明光源的装置，显影过的PS版可以放到上面进行检查修版。

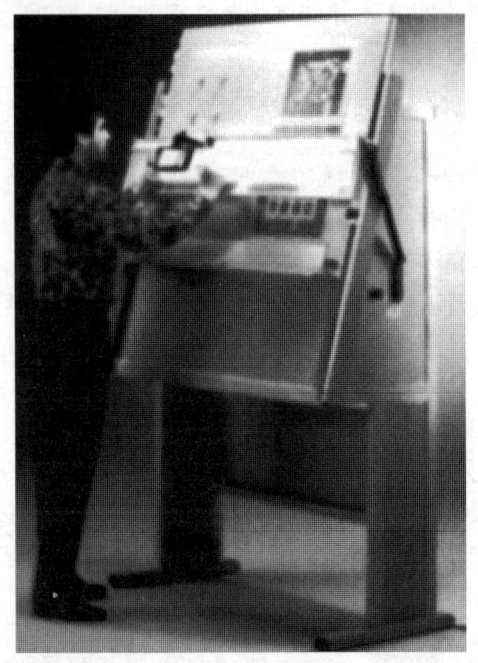

图4-21 修版架示意图

第三节 晒版工艺过程

无论是激光照排机直接输出的整版胶片,还是经过拼贴后所形成的大版胶片,它们都不能直接装到印刷机上进行印刷,必须转到印版上才能上机印刷。对于平版胶印,现在一般都采用PS版,从前面的内容可知,PS版有阴图和阳图型两种,在国内大多数企业都是用阳图型PS版,下面就以阳图型PS版为例来说明晒版的步骤。

一、阳图型 PS 版晒版工艺

☞ 1. 任务要求

刚刚得到从照排机输出的一套胶片,要求晒制一幅对开四色版。

☞ 2. 设备和材料

打孔机、拼版台、定位条、放大镜、剪刀、清洁剂、白片基、透明胶带、喷胶、控制条、PS 版、晒版机、显影机等。

☞ 3. 工艺流程

晒前准备→装版→抽真空→曝光→显影→ 修版→上胶
　　　　　　　　　　　　　　　　　　└→烤版→上胶。

☞ 4. 操作步骤

(1) 晒前准备:

① 清洁版台。

② 打开晒版机、打开显影机让它们预热。

③ 检查胶片。

a. 有无折痕划痕。

b. 要求版面干净无脏迹。

c. 图文是否完整。

d. 要求套色误差小于 0.1mm。

e. 要求实地密度大于 3.5。

f. 规矩线是否齐全。

④ 叼口定位拼版(如图 4-22 所示):

a. 裁切拼版片基。

b. 将裁切的拼版片基打孔。

c. 清洁拼版片基。

d. 按照印刷机的叼口尺寸套色拼版。

e. 检查拼版质量。

在拼版时一定要注意叼口方向,一般遵循下列规则:书刊类内文使印刷和折页定位边一致;套印面积大和套印精度要求高的一

图 4-22 定位拼版示意图

侧作为叼口边;考虑工作习惯,以收纸台拿出的样张自然放正为准,即以脚为叼口,如图 4-23 所示。

(2) 给晒版机放置印版:

① PS 版拆封。PS 版的拆封和取版应在安全光线下进行。取版时应连同衬纸一起取出;取用过程应防止划伤 PS 版涂层表面,对大幅面版材应两手对称拿住版材两边,用力一致,避免造成"马蹄印"和皱褶。

② 装版。将 PS 版打孔,然后用晒版定位条挂好,尽量放在晒版台的中央,如图 4-24 所示。

③ 装版技术要点:

图 4-23　叼口方向示意图

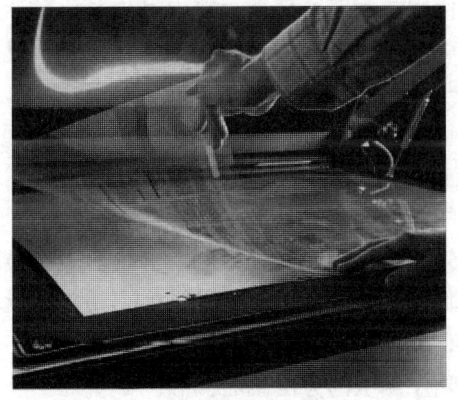

图 4-24　装版示意图

　　a. 对于多色产品，必须采用定位晒版。即原版和 PS 版都采用统一的打孔装置打孔，装版时用定位条将原版和 PS 版挂在一起进行晒版。

　　b. 套晒装版，套晒是指两块或两块以上的原版图文晒制到同一版面上的晒版方式。套晒需要进行多次的装版定位和曝光等才能制成一块印版，它使晒版作业变得复杂和困难，但使用大规格机器印制小幅面产品时，这样做能够充分利用版材和印刷机的最大有效面积，收到节省版材、降低成本、提高工效的作用。随着桌面系统的应用，套晒产品越来越少，但在某些情况下它仍是一种很有实用价值的制版工艺。套晒可有一图多晒和多图拼晒两种，在进行套晒如是双面印刷，一般都晒成自翻身版。现仅以最简单的双套晒为例介绍套晒装版。

（a）先在打好孔的 $150g/m^2$ 铜版纸或 0.1mm 透明片基上画出叼口线和这条线的垂直中线。

（b）裁 4 张和印刷机幅面相一致的透明片基并打孔。

（c）将定位条固定在拼版台上，先挂上台纸，再挂上一张准备好的片基，以台纸上的叼口线和垂直中线为基准拼好左侧（或右侧）的母版，拿去台纸，将母版挂在定位条上，再挂上一张片基，以母版为准，使用放大镜套准后，拼上其他某一色版，拼好后，拿去上面新拼的版，再放一张片基，拼第二色版，以此类推拼出四色版，最后将 4 张分色版套在一起，借助放大镜，检查套准精度，若有误差，拆下重拼，直至套准。

（d）用定位条将左侧原版和 PS 版挂在一起，然后用黑纸或黑片基等不透光的材料挡住中线右侧感光版面，最后闭合玻璃盖板，抽气、曝光，先不要显影，蔽光放置，等待套晒右边。

（e）四色晒完后，拆下胶片，以台纸上的叼口线和中线为准，将胶片旋转 180°后按照以上拼版方法拼右侧版。

（f）采用晒左侧版的方法晒右侧版。

在装版时一般遵循下列规则：对原版和 PS 版应轻拿轻放，防止划伤碰伤，避免弯折产生马蹄印等现象；套晒自翻身版时，应将原版调头而不能平移套晒，如图 4-25 和图 4-26 所示。保持工作环境整洁，避免晒版玻璃、原版、PS 版上出现脏点、灰尘、毛发等异物。

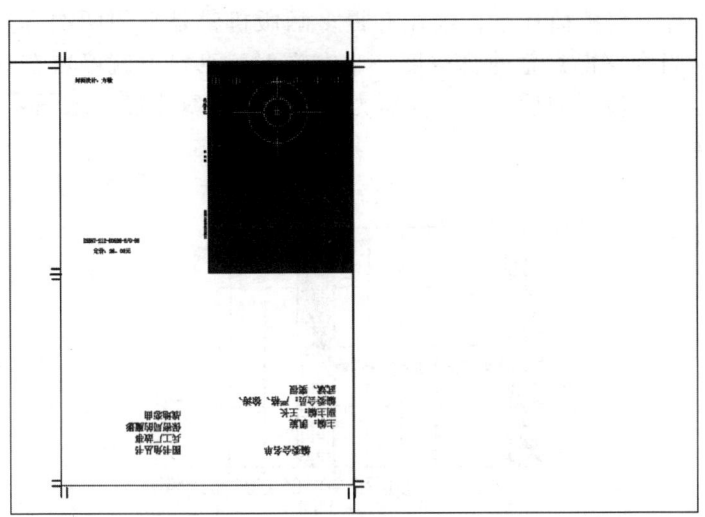

图 4-25　套版晒版左边示意图

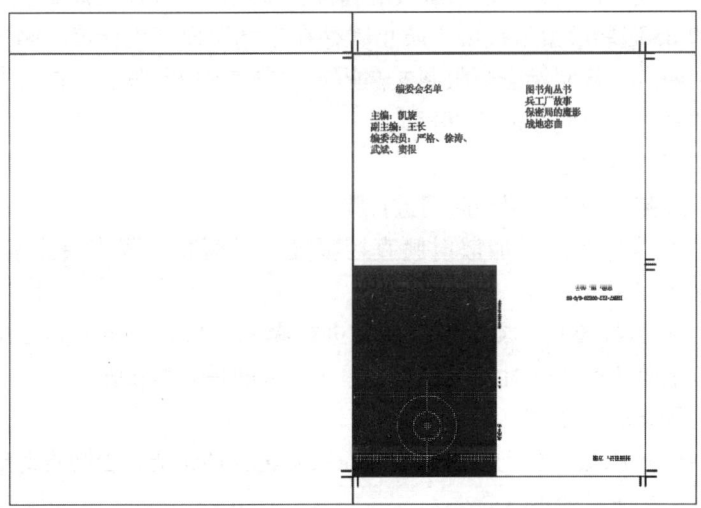

图 4-26　套版晒版右边示意图

(3) 抽真空。

合上盖板抽真空,现在有很多晒版机都是采用两次真空装置。当真空得到总的真空度一半左右时,真空度就停留在这一压力,一段时间后,再升高压力,直至最大真空度。如图4-27所示。

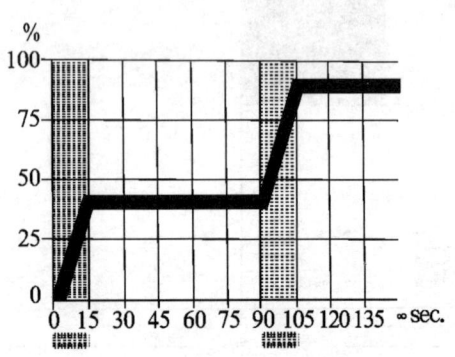

图4-27 二次真空曲线图

抽气的作用就是使晒版玻璃和橡皮布之间的气体被抽走,使原版和PS版能够紧密接触,防止因存在空气层而产生光渗,晒虚线条和网点,从而保证原版图文高质量地复制到PS版上。抽气所达到的真空压力应不低于80kPa。

(4) 曝光。

按测试的正确曝光时间进行曝光。

① 主曝光。不加散射膜直接曝光,任何胶片都需要主曝光,如图4-28所示。

② 二次曝光。加散射膜后再进行曝光,只有晒版原版上由两张以上胶片的拼贴时才需要二次曝光,目的是光学除脏。

③ 影响曝光的因素:

(a) 原版边缘光洁度。要求原版版边裁切光洁,否则将造成如图4-29所示的不良效果。

(b) 原版上网点虚晕度。网点虚晕度是指网点边缘区域密度过渡的快慢程度。过渡快的网点,其虚边较窄,清晰度好,晒版时网

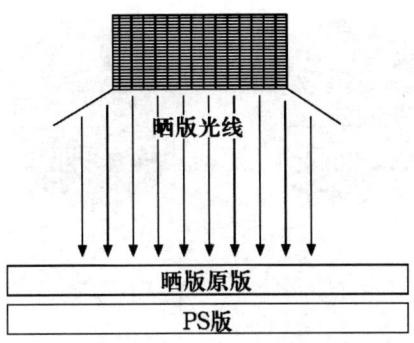

图4-28　曝光原理图

(a) 版边裁切不光洁

(b) 版边裁切光洁

图4-29　裁片对晒版质量的影响

点的还原再现性好,而边缘密度过渡慢的网点,其虚边较宽,黑度也较低,晒版时网点的还原再现稳定性差,受曝光量和显影时间的影响较大,如图4-30和图4-31所示。

(5) 显影。

① 显影液的控制:

a. 显影对印刷的影响:

显影不足:阳图版上脏、网点扩大;阴图版网点缩小。

显影过度:阳图版网点缩小;阴图版上脏、网点扩大。

b. 显影液的疲劳。显影液的疲劳主要是由于显影过程中有效成分的消耗损失而引起的。其中,显影液长期吸收空气中的二氧化

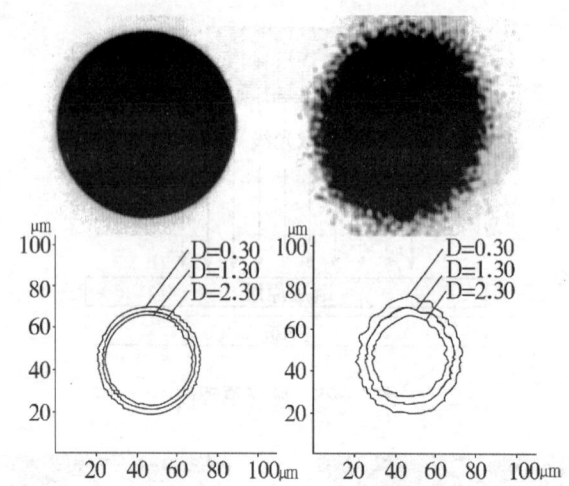

图4-30　网点和其密度对照图

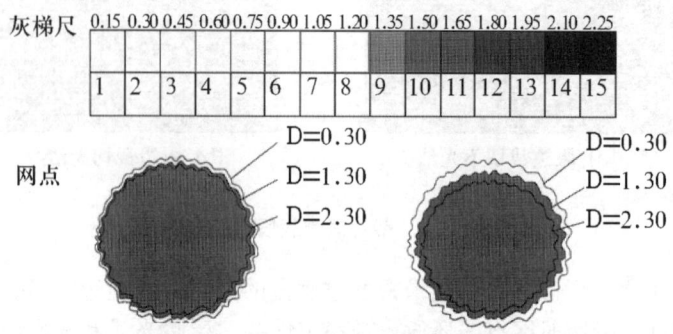

图4-31　不同网点对应的晒版效果图

碳也可导致疲劳。若显影液疲劳，同样的曝光量将导致显影不足。

　　c. 显影液活性的检查。用灰梯尺（0.05为起点、0.15级差）检查显影液活性。在相同晒版条件下版材显影后干净级数变化控制在±0.5级之内。阳图版我们推荐显影出的版材干净级数为3级，若干净级数≥3.5，比如4级，则显影液活性太强；若≤2.5级，比如2级，则显影液活性太弱。当证明显影液已经疲劳时，应加以补充显影液。

② 显影方式：

a. 浸没式（浸槽式）。该方式中显影剂和空气接触面小，因此补充量低，显影剂稳定，显影易控制。

b. 喷淋/毛刷式。该方式中空气易混入显影液，因此显影液易氧化产生显影疲劳。在显影之前，要清洗各辊。若牵引辊不干净，显影中容易产生脏点。按显影机生产厂家说明书严格操作，以保证显影的正常进行。定期维护显影机，保证显影稳定。

③ 轻印刷 PS 版显影：

a. 轻印刷 PS 版显影一般使用手工显影和槽式显影，可参考上述显影方法；需特别注意的是轻印刷 PS 版版基只有 0.15mm 厚，版基比较薄，所以用力要小心、轻拿轻放以避免版材在显影过程中受到损伤。

b. 轻印刷 PS 版机器显影时，为了保护版材不受损伤，建议使用较大较平整的普通 PS 版为托版，将待显影轻印刷 PS 版贴附于其上再进行机器显影。

④ 影响显影质量的因素：

a. 显影液温度。显影液温度一般在 23 ± 2℃。

b. 显影时间（显影机车速）。显影时间一般在 40~60s（建议显影机车速为 0.7~1.2m/min）。

c. 显影液浓度。严格按照 PS 厂家推荐的显影液配比来进行配制。

⑤ 显影过程的注意事项：

a. 显影操作环境。建议显影操作室置黄色照明灯并挂黄色窗帘，以遮避自然光。显影完毕阳图版应仍置于此环境中；阴图版待修版完毕可置于自然光及白炽灯下。

b. 显影液补充。调节好显影液补充量，使显影液保持良好的显影能力。一般采用置于显影液中的传感器测出导电率，算出显影液疲劳率并依此来进行补充。然而，传感器易被显影液成分和污垢覆盖，因此，要定期清洁。若显影液不干净，那么，显影补充液不能正确补充。一般情况下，显影液（原液）显影寿命为 $10m^2/L$。

(6) PS 版修版。

① 化学除脏。用细毛笔蘸少许影像消除剂（修版膏）涂于不需要的影像上，停留约45s后，用软布擦去，并用水冲洗；需要去除的影像要去除彻底，否则版材容易上脏，见图4-32和图4-33所示。

图 4-32　化学修版示意图

图 4-33　修版液太多对版基影响图

PS 版在水洗后才能进行修版但应将 PS 版上的水擦干，否则，版材上多余的水会降低修版效果；在已经上保护胶的 PS 上进行修版，不容易将多余的影像去除干净。

在拼版时尽量将所拼的胶片边缘用刀片轻轻刮薄，这样会更好地消除边线，因为大家知道胶片是几乎透明的，那么边缘受外界环境的影响，如手摸使密度明显增加，容易形成边线。

② 光学除脏。主曝光结束后，光源的快门关闭，加散射膜后

再进行曝光,目的是去除被拼贴小版的边框痕迹、胶带痕迹及小的灰尘脏迹等,如图 4-34 和图 4-35 所示。

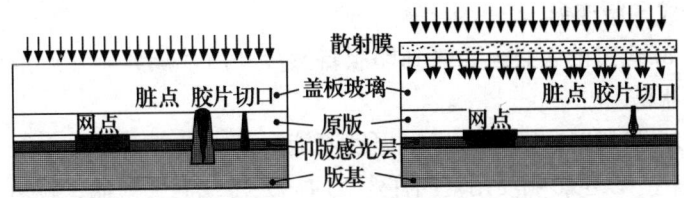

图 4-34　无二次曝光的结果　　图 4-35　二次曝光的结果

晒图像面积大的印版时,二次曝光量应控制在总的曝光量的 15%~30%。

(7) PS 版上胶。

按保护胶生产厂家推荐的比例配制保护胶液。如果保护胶液太稀,版材上的保护胶层太薄,容易产生上脏或擦伤的情况;如果保护胶液太稠,版材上的保护胶层太厚、造成上胶严重不均匀,容易产生不着墨、龟裂和掉版现象。

(8) PS 版烤版。

通常情况下,PS 版能满足用户对其耐印力的要求。但是,有的用户因为印数特别大,需要通过烤版提高版材的耐磨性和耐化学溶剂性。如果需要烤版,按以下的步骤进行烤版:

① 把适量的烤版液涂在版面上,用海绵或脱脂纱布将整个版面涂擦均匀。如果烤版液太稠,则上墨效果不令人满意;如果烤版液太稀,容易出现上脏的情况。

② 待印版干燥后放入烤箱中烘烤,PS 版推荐烤版温度为220~280℃,推荐 PS 版烤版时间为 5~10min,以 PS 版使用说明书为准。

③ 将烤版后的印版放到显影液中去除印版表面涂布的烤版液。

④ 上胶。

阴图 PS 版还可以通过显影后的再曝光来提高耐印力。

烤版注意事项如下:

① 烤版液涂布的一定要均匀,不能有水流状痕迹,不能留有

纱头等异物，否则影响印版上墨和上脏。

②擦完烤版液后必须等印版干后才能放到烤箱中烘烤，否则会造成印版变形。

③烤过的版必须要等到印版自然冷却后才能放到显影液中去除烤版液。

④烤版时间不能太长，温度不能过高，否则会导致上脏，甚至炭化，以至影响使用。同样烤版时间太短或温度太低，就达不到烤版的效果。

二、阴图型 PS 版晒版工艺

阴图型 PS 版是以光致不溶型预涂感光版为晒版材料，通过阴图原版晒制成的一种平印版。晒版原理是：直接采用阴图原版晒版，原版的图文部位透过光线，使感光版的感光层曝光硬化，在显影时保留下来构成亲油性图文基础；未曝光部位的感光层在显影时被溶解掉，露出版基金属构成空白基础。阴图型 PS 版的晒版工艺过程与阳图 PS 版基本相同，这里就不重复了。

需要说明的是装版有所不同：一是所用的原版必须是阴图型的；二是无论单晒或套晒，都必须对原版图文以外的感光版部位进行全面遮光，防止版面上脏，如图 4－36。

图 4－36　阴图原版示意图

第四节 晒版质量控制

一、灰梯尺控制法

☞ 1. 工艺描述

如图4-37、图4-38所示,由一排不同密度的方格,以相同的级差(相邻两格图像的密度差)排列在一起所组成的图像叫做灰梯尺。灰梯尺有13级、15级、17级和21级等,级差一般为0.15。在生产实践中,若拆开一盒PS版,那么从使用说明书上就可以看到,PS版生产厂家提供的晒版曝光量的参考数据中肯定有灰梯尺几级干净的数据。

下面阳图PS版以版材灰梯尺影像第三级干净的曝光量为推荐曝光量为例,阴图PS版以版材灰梯尺影像第九级干净的曝光量为推荐曝光量为例,来说明如何利用灰梯尺快速找到PS版的正确曝光量。

☞ 2. 任务要求

用灰梯尺来快速找到PS版的正确曝光量。

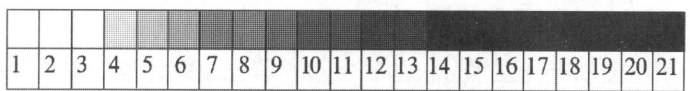

图4-37 阳图晒版灰梯尺显示结果

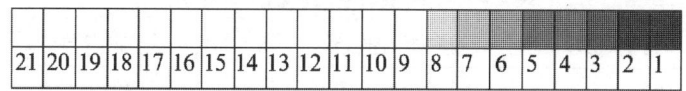

图4-38 阴图晒版灰梯尺显示结果

☞ 3. 设备和材料

有光强积分仪的晒版机、自动显影机、测控条、测试PS版等。

4. 工艺流程

裁切测试版→曝光→ 显影→记录数据→确定曝光量

（1）阳图版示例。

版材使用有光强积分仪的晒版机，曝光 100 计数单位，三级干净。现要减少网点大小，调整灰梯尺再现级数，由三级干净调整至五级干净（见表 4–12）。

表 4–12　调整阳图版灰梯尺再现级数

调整级数	减少干净级数			增加干净级数	
调整曝光量	减少曝光量			增加曝光量	
调整多少级	减少两级	减少一级		增加一级	增加两级
调整曝光量的倍数	×0.5	×0.7	1	×1.4	×2

操作步骤：

调整级数：增加干净级数。

调整曝光量：增加曝光量。

调整多少级：增加两级。

调整曝光量的倍数：$100 \times 2 = 200$ 计数单位。

若原曝光时间是 100s，由三级干净调整至五级干净，曝光时间由 100s 增加到 200s。

（2）阴图版示例。

版材使用有光强积分仪的晒版机，曝光 100 计数单位，九级干净。现要增加网点大小，调整灰梯尺再现级数，由九级干净调整至十级干净（见表 4–13）。

表 4–13　调整阴图版灰梯尺再现级数

调整级数	减少干净级数			增加干净级数	
调整曝光量	减少曝光量			增加曝光量	
调整多少级	减少两级	减少一级		增加一级	增加两级
调整曝光量的倍数	×2	×1.4	1	×0.7	×0.5

操作步骤：

调整级数：减少干净级数。

调整曝光量：增加曝光量。

调整多少级：减少一级。

调整曝光量的倍数：$100 \times 1.4 = 140$ 计数单位。

若原曝光时间是 100s，由九级干净调整至十级干净，曝光时间由 100s 增加到 140s。

当灰梯尺的级差为 0.15 时，通过相邻两级灰梯尺的光量相差根号 2 倍（$10^{0.15}$），所以使灰梯尺干净级数变化一级，曝光量要调整根号 2 倍。利用灰梯尺调整曝光量的通用公式为：

$$t = t_1 \cdot 10^{(n_1 - n_0)D_0}$$

式中　t——调整后的曝光量；

　　　t_1——初试时的预定曝光量；

　　　n_0——标准曝光时的干净级数；

　　　n_1——初试曝光时的干净级数；

　　　D_0——梯尺级差密度。

二、细线区控制法

☞ 1. 工艺描述

在生产实践中，若拆开一盒 PS 版，那么从使用说明书上就可以看到，PS 版生产厂家提供的晒版曝光量的参考数据中肯定有正确曝光量所能再现的细线范围。在这里我们要用到测控条（测试条），测控条的种类有很多，一般测控条上都同时包含控制晒版、打样和印刷的质量模块，如图 4-39、图 4-40 所示。

☞ 2. 任务要求

使用 UGRA OFFSET - Testkeil 1982 测量印版的曝光量。

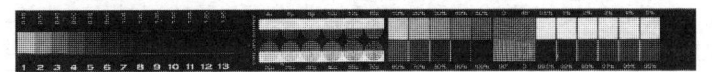

图 4-39　UGRA 测控条

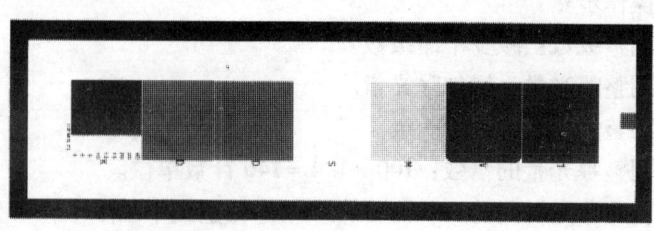

图 4-40 FORGA 测控条

☞ 3. 设备和材料

有光强积分仪的晒版机、自动显影机、测控条、测试 PS 版等。

☞ 4. 工艺流程

裁切测试版→分级曝光→显影→记录数据→画曝光曲线→确定曝光范围。

☞ 5. 操作步骤

（1）裁切测试版。

若 PS 版厂家没有提供测试版材，那么就要自己裁切，裁切时在考虑节约版材之外，还需要考虑所切的版材要能够正常通过显影机，通常情况下裁切尺寸为 25cm×50cm 就可以了。

（2）分级曝光。

分级曝光检测可用于测定晒版分辨力、推荐的细线曝光量和曝光宽容度等参数。

在其他条件（包括显影和后处理）不变的情况下，用同一块印版进行不同曝光量的测试。最小曝光量为感光涂层不能被充分显影的曝光量，而最大曝光量则要大于实际制版时的曝光量。推荐的分级曝光量往往呈几何级数，如 10、14、20、28、40、56、80 曝光单位（节拍）或 10、20、40、80 曝光单位（节拍）。用胶片上的细线图标进行分级接触曝光测试。将测控条的药膜面与胶印版材的感光涂层紧密接触，两者之间不能有气泡、脏点、灰尘或粘着的颗粒。

（3）按 PS 版厂家推荐的条件显影。

用厂家提供的配套显影液，按照厂家推荐的配比、显影温度和显影时间进行显影,在实际生产中也用这种显影条件进行显影。

(4) 观察并记录细线读数(显示)。

在没着墨的印版上,用 15 倍左右的放大镜观察印版上的细线读数(显示),它们至少有 50% 是清楚可见的。阳图细线读数指的是胶印版上的阳图细线(亮地黑线),阴图细线读数指的是胶印版上的阴图细线(黑地亮线),如图 4-41 所示。

图 4-41　不同的曝光量对应的细线显示图

图 4-41 的读数见表 4-14。

表 4-14　数据记录表

曝光量(节拍)	7	10	15	20	30	40
阳图细线显示(μm)	10	10	10	10	12	15
阴图细线显示(μm)	8	6	4	4	4	4

(5) 画曝光曲线。

以曝光量的以 10 为底的对数为横坐标,以细线读数为纵坐标,分别画出阳图和阴图细线读数的平滑曲线。以表 4-15 的数据来画曝光曲线。

表4-15　数据记录表

曝光量(节拍)	3	5	10	20	25	40	60
阳图细线显示(μm)	4	4	8	12	15	15	20
阴图细线显示(μm)	8	6	6	4	4	4	4

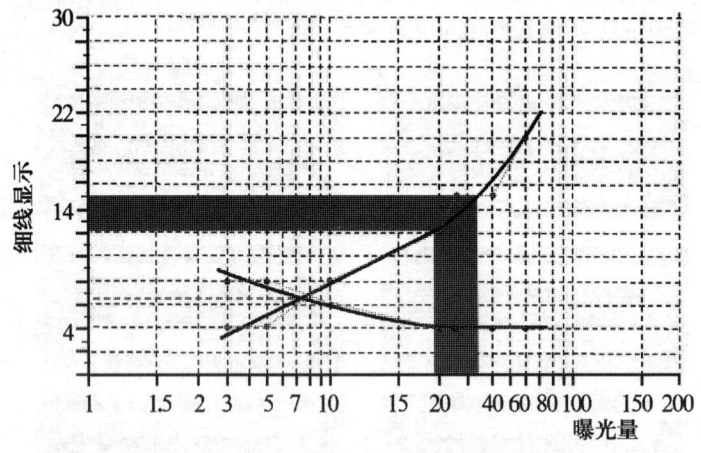

图4-42　曝光曲线图

从图4-42中可以看出，PS版的分辨率（f）在6.5μm左右，那么f<8，若印刷产品的挂网线数为60线/厘米，从表4-16中查出细线显示在12~15之间为正确的曝光量范围，若测试条上比12μm更细的线都显示出来了，说明曝光不足，若15μm都没有显示出来，说明曝光过度。在图4-42阳线中，12μm对应的横坐标是19，15μm对应的横坐标是35，所以，这种PS版在这种晒版条件下，它的正确曝光量范围在19~35曝光单位之间，也就是说，若印刷产品的挂网线数为60线/厘米左右，晒版时取19~35之间任一值对PS版进行曝光都是可以的。

这里提供一个简单的、大致的分辨力确定方法。直观地选择阳图和阴图细线读数一致的位置，记下测控条上相应细线的宽度，这就是近似的印版分辨力。大多数阳图型印版的制版分辨力都小于10μm。

注意事项如下：

① 阴图和阳图曲线的交点对应的纵坐标即为该印版的分辨力。

② 图 4-42 中灰色块对应的横坐标区域为 PS 版的允许曝光量范围。

③ 画图时应尽量画成光滑的曲线。

④ 阳图 PS 版在阳线上找曝光量，同样阴图 PS 版在阴线上找曝光量，并且都以曲线为准，不要受实测值影响。

⑤ 允许曝光量对应的细线显示数值来自表 4-16，表 4-17。如果 PS 版为阳图型版，印刷产品的挂网线数为 60 线/厘米左右，PS 版的分辨力小于等于 $8\mu m$，在图 4-42 曲线上找到细线显示值为 $12\mu m$ 所对应的横坐标值和细线显示值为 $15\mu m$ 所对应的横坐标值，这两个值所对应的区域就为所对应条件下 PS 版允许的曝光量范围。其他条件下以此类推。

表 4-16　阳图 PS 版曝光量查找表

PS 版分辨力		f≤8(μm)	8＜f≤12(μm)
允许曝光量对应的细线显示范围	60 线/厘米	12～15(μm)	15～20(μm)
	80 线/厘米	10～12(μm)	
	100 线/厘米	8～10(μm)	
	120 线/厘米	$8\mu m$ 左右	

表 4-17　阴图 PS 版曝光量查找表

PS 版分辨力		f≤7(μm)	7＜f≤9(μm)	9＜f≤11(μm)
允许曝光量对应的细线显示范围	60 线/厘米	8～10(μm)	10～12(μm)	12～15(μm)
	80 线/厘米	8～10(μm)		
	100 线/厘米	8～10(μm)		

⑥ 曝光量测定必须用原版测试条。

⑦ 曝光量对 PS 版的影响，曝光不足使阳图 PS 版网点扩大和上脏；曝光不足使阴图 PS 版网点缩小和耐印力下降。

曝光过度使阳图 PS 版网点缩小和耐印力下降；曝光过度使阴图 PS 版网点扩大。

6. UGRA 测控条说明

(1) 高光和暗调控制区。

它是由 12 个尺寸为 5mm×5mm，网点角度为 45°、形状为圆形、线数为 60 线/厘米和不同的网点百分比方格组成的（如图 4-43 所示）。在晒版时一般要求 98% 的网点不糊死，2% 的网点要出齐。

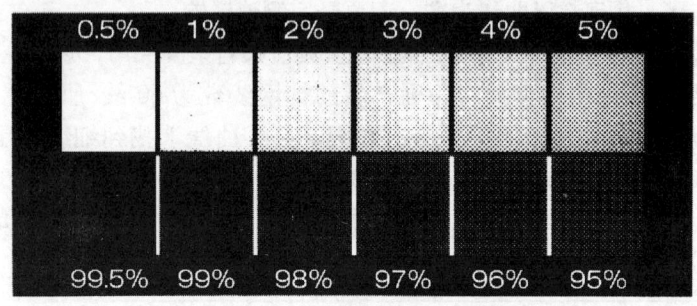

图 4-43　高光和暗调控制区

(2) 几何变形区域。

由三种不同的角度、粗细相同的线条排列而成（如图 4-44 所示），它的线数是 48 线/厘米，覆盖率为 60%。用于在印刷过程中观察是否有滑移和重影，若一个方向的细线比另一方向的细线要粗，则在这一方向上橡皮布有滑移，产生重影。

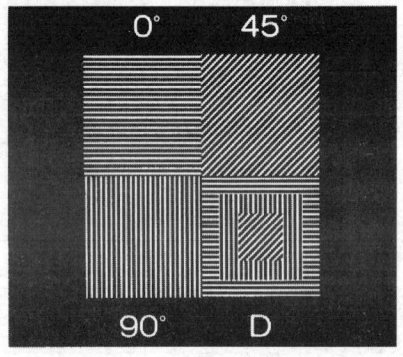

图 4-44　几何变形区域

(3) 测网点扩大及相对反差的网点区。

它是由 12 个尺寸为 5mm×5mm，网点角度为 45°、形状为圆形、线数为 60 线/厘米和不同的网点百分比方格组成的（如图 4-45 所示）。用密度计测量各自的网点百分比，画出印刷特性曲线，差距最大的作为网点扩大率，一般处在 40%~60%，而在计算相对反差时则选在 70% 或 80% 处。

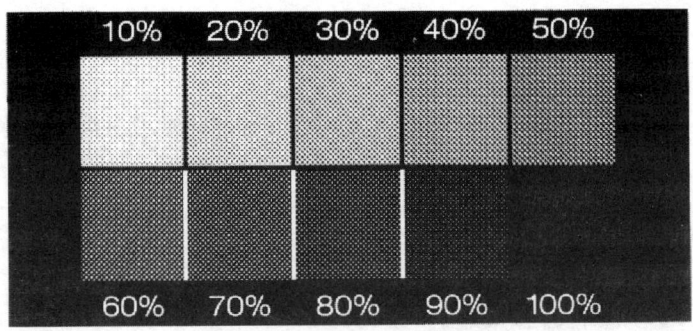

图4-45　10%～90%网点区

(4) 细线区。

由12个直径为4.5mm,线的宽度在4μm和70μm之间的圆形图形所组成(如图4-46所示)。

用于测量PS版的分辨力、正确曝光量范围及控制晒版质量。

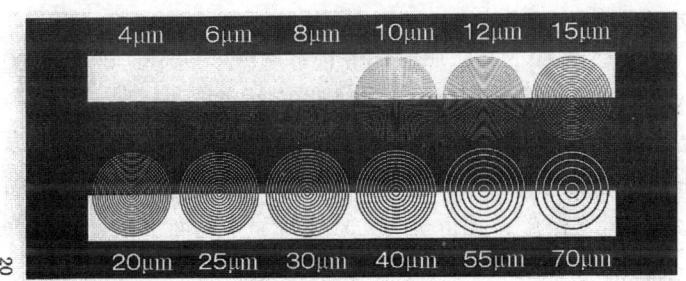

图4-46　细线区

(5) 灰梯尺区。

由13个尺寸为4mm×5mm,级差为0.15±0.02,连续调图片组成(如图4-47所示),密度范围为0.15～1.95。可以检测曝光和显影是否正常。

图4-47　灰梯尺区

第五节 质量检查与故障分析

一、质量检查

☞ 1. 晒版质量指标

晒版质量是指晒版作业及印版适性的优劣程度,是对其综合效果的描述。晒版作业质量主要是指晒版过程中各因素的匹配与受控程度,表现为晒版的稳定性、再现性和再加工性。印版适性是指印版满足使用要求所必须具备的性能,包括印版上网点的还原性和网点质量、印版的稳定性和耐印力以及印版的外观特性等。

阳图型 PS 版的晒版质量标准:网点再现性好,2% 的小网点不丢,97% 的空心网点不糊,中间调部位网点缩小不超过 3%,多版重复再现误差不超过 3%。印版上网点饱满无砂眼,网点边缘光洁无毛刺,虚边宽度不大于 $4\mu m$。未经烤版处理的耐印力应达到 8 万印以上。外观平整,无折痕、无划伤现象,版面干净。图文位置正确,套印性能好。

☞ 2. 印版质量检查

对印版进行质量检查,是晒版过程中必不可少的一道工序,是进行全面质量管理的一个重要环节,其目的是防止质量不合格的印版进入印刷工序,引起不必要的浪费和返工。印版质量检查的内容主要包括以下几个方面。

(1)印版外观质量的检查。

印版的外观质量主要是指印版外在的性能状态,一般多采用视觉观察法检查。对印版外观质量的基本要求是:版面平整、干净,擦胶均匀,无破损、无折痕、无划痕、无脏点等。

(2)版式规格的检查。

印版的版式规格包括版面尺寸、图文位置、叼口尺寸、折页关系等，可依据晒版工艺单和印刷机规格所要求的版式规格对照检查。版式规格的质量标准是：印版尺寸准确，误差小于 0.5mm，套色版之间的尺寸误差小于 0.1mm，图文端正无晒斜现象。如果印版的尺寸误差过大或图文晒斜会造成印版上机后套印困难和发生印品报废等事故。

（3）图文内容的检查。

对印版图文内容检查的基本质量要求是：文字正确、无残损字、无瞎眼字、无多字缺字现象；图片与文字内容对应一致，方向正确；多色版套晒时，色版齐全，无缺色或晒重现象；应有的规矩线齐全完整、无残缺现象。

（4）网点质量的检测。

晒版网点质量主要是指印版上网点的虚实饱满程度、边缘光洁程度和再现性。检测时可借助普通放大镜或高倍放大镜依据原版和晒版质量标准对印版上的网点质量进行定性和定量检测。

对网点虚实度、光洁度的检测主要是通过普通放大镜进行视觉观察，对印版上的网点是否实在饱满、轮廓分明、有无空心、毛刺、虚边等作出定性检测。

满足印刷要求的印版网点质量应达到：网点饱满、完整、光洁、无残损、无划伤、无空心、毛刺少、虚边窄。

对网点的再现性可通过显微镜直接进行测量，也可通过晒版控制条直接显示出来。其控制条显示法比较直观方便，常用的有两种，一种是应用阴阳网点对来显示网点的变化量，如布鲁纳尔测试条上 50% 细网区中的阴阳网点对等；另一种是根据网点增大量与网点周长成正比的关系，利用粗细网对比方法指示网点增大程度，如 GATF 信号条上的号码段及布鲁纳尔测试条上的粗细网块等。晒版过程中有时会出现通过控制条显示出来的晒版状态与版面实际晒版状态不完全一致的现象，即控制条上显示出的网点变化符合质量要求，而实际版面上的网点变化已超出了允许范围，产生这种现象的主要原因是控制条上的网点多属硬性实网点，而晒版原版上的网点则由于制版条件的限制等可能是活性虚网点,因此在晒版时变化量不同而表现出不同的网点状态。

二、故障分析

晒版过程中常常会由于晒版条件的变化或操作的不当而影响到印版的质量,甚至产生质量事故,因此在晒版生产中要随时观察各种故障现象,预先做好思想准备并及时进行排除故障的补救工作。以下介绍几种常见故障的现象与产生原因。

(一)印版图文发虚

实际印刷中印版图文发虚问题主要是由制版操作环节引起,产生原因众多,根据产生原因将其分为以下几类:

☞ 1. 由脏污引起的虚版

(1)晒版机玻璃、晒版胶片、拼版片基、印版版面附着有异物或污物。

(2)晒版胶片与拼版片基之间、印版与胶片之间夹杂有异物(如头发丝等)。

(3)晒版时间过长,晒版玻璃、晒版胶片产生静电,在晒版过程中吸附灰尘等。

(4)PS版材表面有药点、白点等瑕疵。

☞ 2. 由晒版胶片引起的虚版

(1)晒版胶片密度不够(应在3.5以上)。

(2)拼版片基灰雾度过高。

(3)胶片原版拼贴不当,图外留边太窄(应离开3cm以上),拼版太挤(0.5~1mm),造成拱撞等。

(4)拼版胶片的透明胶带距离图像太近(应离开7mm以上)或粘贴过厚。

(5)晒版时将胶片放反。

☞ 3. 真空抽气不足引起的虚版

(1)真空泵性能差。

(2)晒版机的密封胶圈、气管漏气。

(3）密封胶圈老化变形。
(4）晒版机橡皮气垫没垫平或老化。
(5）真空抽气指示表有问题，指针到头而实际未抽空。
(6）胶片或 PS 版有折痕等。
(7）当发现牛顿环、较大空气滞留区、灰尘杂物时，应及时进行二次抽气。

☞ 4. 曝光、显影过度引起的虚版
(1）曝光时间过长。
(2）曝光前（打孔时）或曝光后显影前跑光。
(3）显影液温度过高、浓度过大。
(4）显影时间过长。
(5）显影液补充量过多。

（二）版面上脏
☞ 1. 版材因素造成的上脏
(1）PS 版版基砂目过浅，贮水量少而引起的非图文部分上脏。解决方法：用此类印版印刷时应增大版面水分或在润版液中加入适量表面活性剂，增强印版非图文部分的亲水性能。
(2）PS 版版基氧化膜薄而疏脆，不能承受印刷中的摩擦而被磨掉，砂目裸露并被磨平，亲水性能降低。解决：重新更换印版。
(3）PS 版封孔不充分，版面残留未封微孔，版面吸附能力大，易吸附灰尘等杂质；或封孔液中含有钙离子或其他杂质离子，产生硅酸钙等不溶性盐，污染版面。解决：用以硅酸钠为主剂的显影液显影，在显影的同时对印版进行二次封孔。
(4）PS 版感光胶层过厚，正常曝光时间不能彻底分解，感光胶残留在砂目内壁，使非图文部分亲油性增强起脏。解决：延长曝光时间，使感光胶层彻底分解。

☞ 2. PS 版灰雾造成的上脏
由于 PS 版保存不当或晒版室内照明不当，使 PS 版产生灰雾，造成印版非图文部分具有亲油性而上脏。处理方法：避光妥善保存 PS 版，晒版时应在安全灯下作业。

☞ 3. 晒版上脏

（1）曝光操作不当引起的上脏。主要是晒版大玻璃或胶片上粘有污物阻碍了光线透过，或原版胶片上有胶带和边框形成的影迹。解决：前者操作前应对该部分详细检查，进行修整或用清洗剂去脏；后者，面积较小时可用除脏剂去除，面积大时可用散光膜进行二次曝光法处理。

（2）曝光不足引起的上脏。不同性能的 PS 版感光性能不一样，所以曝光时间不同。当光源功率不足时，感光胶层内部分解不彻底，就会起脏。因此，每批 PS 版都要测量曝光量，及时调整曝光时间，同时定期检查光源的有效功率和电压的稳定性。

（3）显影不透引起的上脏。主要是由于显影液疲劳失效，浓度不够，显影液温度太低或显影时间不足所致。

（4）配制显影液时，强碱如氢氧化钠等用量过多，显影液碱性过强，腐蚀版基氧化膜，版基裸露，印版非图文部分亲水性能下降而上脏。解决：在显影液中加入适量氯化钾或磷酸钠等抑制剂。

☞ 4. 修版上脏

（1）修改部位上脏。原因：修版膏变质；修改时没有擦干版面水分；修改不充分；修版膏在版面上停留时间过长。解决：严禁用变质修版膏修改印版，修版膏不用时要妥善保存。

（2）修改部位周围上脏。原因：曝光不足或显影不足，感光胶层有残留；修改部位周围残留、附着被修版膏溶解了的感光胶层；在对版面进行除脏前，未将版面擦干。

（三）着墨不良

☞ 1. 擦保护胶操作不当

（1）印刷开始的着墨不良问题。原因：没有使用指定的保护胶；保护胶液过浓；擦胶不均；印版在擦胶后接触了强光，印版跑光，图文部分亲油性降低；保护胶擦得过厚，过多。

（2）印刷中途的着墨不良问题。原因：润版液中胶的成分过多。解决：使用了 PS 版清洗剂后，必须用水清洗印版。

☞ 2. 修版操作不当

原因：修改印版前未将版面水擦干，修版膏侵到周围印版图文，使该部位图文腐蚀、掉版。

解决：涂改前应将版面的水充分擦净；涂保护胶后再进行修版操作。

☞ 3. PS 版感光胶层剥离、脱落

原因：主要与印版保护、储存不善有关。另外，显影液浓度过高，印版图文细小部分也可能被显掉，导致高光部分感光层剥离、脱落。

解决：运输版材时，不要摩擦 PS 版面；显影液浓度要适中。

（四）印版耐印力差

PS 版耐印力的降低不仅取决于版材本身，更主要取决于晒版和印刷过程中的每一个操作环节。实际印刷中影响印版耐印力的因素很多。

（1）版材。

砂目浅；氧化层薄而不均匀。

（2）制版。

曝光或显影前跑光；曝光过度；显影过度；烤版胶变质，烤版温度过高，时间过长。

（3）印刷。

使用了强力印版清洗剂或滚筒清洗剂；印刷压力过大；版与橡皮布不平；靠版辊靠版紧而不平；靠版胶辊、橡皮布老化。

（4）润版液。

润版液浓度过大，侵蚀印版。

（5）印刷纸张。

印刷纸张粗糙、掉粉、掉毛。

（6）油墨。

油墨墨层过厚；油墨颗粒粗。

参考文献

[1] 李荣,冷彩凤,吴文庄等编.印版制作工艺.北京:轻工业出版社,2001.6.

[2] 童浙波,刘林戎等编.平版制版.北京:中国劳动社会保障出版社,2005.5.

[3] 杨保育编.晒版与打样.北京:印刷工业出版社,2007.3.

[4] Druckformherstellung Offset.德国:Polygraph Verlag,1998.

[5] 方正文合使用手册.北京大学科学技术研究所.

[6] Preps4.2 使用手册.克里奥印前设备(上海)有限公司.

[7] 袁宇霞,梁炯,刘武辉编.数字化印前实务白金手册.北京:印刷工业出版社,2005.5.

[8] 赫尔穆特·基普汉著.谢普南,王强主译.印刷媒体技术手册.广州:广东世界图书出版公司.